GESTIÓN INDUSTRIAL Y LEAN MANUFACTURING

FUNDAMENTOS, HERRAMIENTAS E INDICADORES

ÍNDICE

Parte I - Fundamentos

Qué es Lean Manufacturing	3
Las Mudas	7
Gestión de la Calidad Total	26
La Cadena de Valor	33
Sistemas de producción	38
Suministro directo a línea	42
Kanban	47
Flujo de Una Pieza	55
Líneas en U	58
La Persecución de Conejos	61
Mantenimiento Productivo Total	67
Kaizen	73
Aportación de ideas	77

Parte II - Herramientas

Las 5S	85

Mapeo de la Cadena de Valor	98
Cálculo del stock óptimo	110
Equilibrado de líneas	116
Hojas de Operación Estándar	121
SMED	123
Regla de Pareto	133
Análisis ABC	142
Control Estadístico de Procesos	143
Diagrama Causa-Efecto	153
Los 5 Porqués	156
Diagramas bivariantes	158

Parte III - Indicadores

Indicadores de Producción	165
Indicadores de Calidad	172
Indicadores Lean	179
Indicadores de Mantenimiento	187
Indicadores de Seguridad	189

Introducción

El objetivo de este libro es exponer una serie de principios, herramientas e indicadores empleados tanto en entornos Lean como en cualquier entorno industrial.

Bien seas un entendido en la materia, como si este es tu primer contacto con la gestión industrial y la filosofía Lean Manufacturing, este libro te servirá como introducción y como manual de apoyo a lo largo de tu trayectoria profesional.

En estas páginas realizaremos un recorrido que comenzará con la explicación de los fundamentos sobre los que se asienta la producción industrial hoy en día, seguiremos definiendo las herramientas más utilizadas actualmente en las empresas dedicadas a la fabricación de bienes y conoceremos los indicadores más importantes empleados en el seguimiento de la producción, la calidad, el mantenimiento de equipos y otros ámbitos relacionados con la fabricación de bienes.

Todo el libro cuenta con ejemplos detallados para que cualquiera pueda entender los conceptos con claridad y emplear las herramientas y los indicadores descritos en el libro en su día a día dentro de una empresa.

Espero que estas páginas te resulten útiles en tu día a día dentro de la empresa, y que disfrutes leyéndolas tanto como yo lo he hecho escribiéndolas.

PARTE I
FUNDAMENTOS

Qué es Lean Manufacturing

"No queremos la tradición. Queremos vivir en el presente, y la única historia que vale la pena es la historia que hacemos hoy"

Henry Ford

Precursores de la gestión industrial

Las razones que han llevado a las organizaciones a aplicar una determinada gestión de los recursos y de los métodos de producción pueden ser muchas y variadas, como por ejemplo mejorar la calidad de los productos, aumentar la productividad, mejorar el rendimiento de las máquinas y equipos, reducir costes, disminuir la cantidad de productos reprocesados... En definitiva, ser compañías más competitivas, eficientes y flexibles.

Gracias a esa voluntad de las empresas de mejorar sus procesos, a finales del siglo XIX comenzó la voluntad por la optimización de la industria y la filosofía Lean Manufacturing. En ese momento, el japonés Sakichi Toyoda introdujo un sistema de detección de errores en sus telares que permitió la automatización del proceso de fabricación de tela y su consecuente aumento de la productividad, reduciendo a la vez los defectos de fabricación.

Otro de los grandes hitos asociados a la producción Lean tuvo lugar allá por el siglo XX de la mano de los estadounidenses F.W. Taylor y H. Ford, conocidos como los «padres del automóvil moderno» y de las cadenas de fabricación industrial. En ese momento se produjo una descomposición de las tareas asociadas a la fabricación (que hasta entonces resultaba ser un proceso artesanal), se definieron las secuencias de trabajo y se comenzaron a cronometrar las operaciones: comenzaron a utilizarse los Sistemas de Métodos y Tiempos (MTM). En esta época también surgieron las retribuciones por rendimiento, más conocidas en la actualidad como «primas», que premiaban la productividad y motivaban a los trabajadores a mejorar.

También a lo largo del siglo XX, la familia Toyoda (que por aquel entonces había dejado el negocio de fabricación de telares) logró situar su nueva empresa, la Toyota Motor Company, al frente de la producción mundial de automóviles, siendo una de las pocas empresas industriales japonesas que no incurrió en pérdidas en ese periodo. Esto se logró gracias a las aportaciones de ingenieros como Taiichi Ohno, creador del sistema Just-in-Time, y Seiichi Nakajima, promotor del Mantenimiento Productivo Total (Total Productive Maintenance, TPM). Ambos sistemas de producción son considerados actualmente pilares fundamentales dentro del Lean Manufacturing.

Podemos concluir que todos estos cambios en los sistemas productivos estuvieron enfocados a convertir las empresas en organizaciones más eficientes, más controladas y donde los trabajadores comenzaron a cobrar importancia convirtiéndose en una parte muy importante del proceso, capaz de resolver problemas y generar mejoras.

La filosofía Lean Manufacturing

La filosofía Lean puede tener tantas definiciones como personas haya en el mundo, pero un buen compendio de todas ellas sería: «un conjunto de principios, técnicas y herramientas diseñadas para reducir los desperdicios en las organizaciones, todo ello integrado en un sistema de mejora continua que lo haga sostenible en el tiempo, y que ponga el foco de atención en la satisfacción del cliente, tanto interno como externo».

La palabra «Lean» (cuya traducción del inglés es magro, esbelto) apareció por primera vez en el libro *La máquina que cambió el mundo*, de los autores Daniel Roos, Daniel T. Jones y James P. Womack. Este libro sacó a la luz por primera vez el sistema de producción de Toyota (más conocido como Toyota Production System, TPS), e hizo una comparación entre el modelo de producción en masa de General Motors y el modelo *lean* de Toyota.

Si en nuestra organización queremos implantar con éxito un sistema productivo basado en Lean Manufacturing, es importante contar con personal capaz de identificar las principales mudas del proceso y generar soluciones basadas en los datos e indicadores del proceso productivo. Para ello es necesario formar e involucrar a todo el equipo, desde la alta dirección hasta los operarios, que son quienes mejor conocen los procedimientos y máquinas, pasando por todos los mandos intermedios.

Esto supone un cambio cultural para conseguir la integración de todos los niveles de la empresa. Se trata de entender que en la mayoría de los casos, la información del proceso, lo que sucede de verdad, viene de los trabajadores que manipulan máquinas, materiales y equipos. Sin la participación de estas personas en la aportación de soluciones y datos es difícil implementar con éxito medidas que supongan un verdadero cambio a mejor en la organización.

Una vez se haya involucrado a todos los eslabones de la cadena, es importante usar la información obtenida de manera correcta. Las decisiones deben tomarse en base a indicadores y datos objetivos, nunca en base a juicios de valor. Los métodos empleados en la toma de datos deben ser claros y conocidos por todos, pero principalmente por las personas que vayan a realizar el muestreo de datos e información. Cuando se haya obtenido una muestra lo suficientemente grande, la información debe ser procesada para poder obtener conclusiones claras, y en consecuencia tomar decisiones eficaces en base a los resultados obtenidos. Hecho esto, la información debe fluir hacia arriba hasta el responsable de tomar una decisión o de invertir los recursos necesarios. Como cualquier otro recurso, la información debe fluir de manera eficaz en ambas direcciones y no debe estar sobrecargada con datos innecesarios.

Las Mudas

"El peor de todos los problemas, es no tener problemas"

Taiichi Ohno

Las tres Mu

Aunque el grupo de desperdicios más conocido y estudiado en Lean Manufacturing son las mudas, Taiichi Ohno, el ingeniero japonés considerado como el creador del Toyota Production System, dividió los despilfarros en tres grandes grupos: Mura (falto de uniformidad), Muri (sobrecargado) y Muda (inútil). Vamos a explicar brevemente cada uno de estos grupos.

- **MURA**

Falto de uniformidad. Se manifiesta generalmente como un *tiempo takt* (ritmo de pedidos del cliente) desigual. Esto significa que los equipos alternarán entre estar ahogados o estar a la espera de trabajo, dependiendo del ritmo de la demanda de productos que haya en ese momento. También podemos encontrar este despilfarro cuando los tiempos de ciclo de las estaciones de trabajo no están equilibrados. Mura da lugar al siguiente grupo de despilfarros, Muri.

- **MURI**

Sobrecargado. Se refiere a la sobrecarga de trabajo de una máquina o del operador de la máquina hasta niveles difícilmente sostenibles. Dicho de otra forma: cuando la capacidad de producción no es capaz de cubrir la demanda. Muri conlleva a generar el siguiente tipo de despilfarro, Muda.

- **MUDA**

Inútil. Se trata de todo aquello que consume recursos innecesariamente y no aporta valor al cliente.

Qué son las mudas

Podríamos definir las mudas como desperdicios, todo aquello que no aporta valor añadido a nuestro cliente, o todo aquello por lo que no está dispuesto a pagar. Las mudas y su estudio son uno de los pilares fundamentales de todo proceso productivo basado en Lean Manufacturing, y trabajar para reducir estos desperdicios permitirá a las organizaciones tanto consumir menos recursos como generar menos residuos, ya que la empresa utilizará únicamente aquello que necesita para entregar a su cliente lo que necesita.

Entonces, ¿los controles de calidad, el mantenimiento de las máquinas y su limpieza, los transportes... son desperdicios? La respuesta es sí, pero desperdicios muchas veces necesarios para el correcto funcionamiento de las empresas, pues sirven de apoyo a las operaciones que sí aportan valor.

Hay que hacer por tanto una distinción entre los desperdicios que se pueden eliminar directamente y aquellos que únicamente se van a poder reducir. En la mayoría de las ocasiones, si echamos un vistazo a nuestras plantas de fabricación veremos que las operaciones que se realizan no se pueden eliminar porque son necesarias, pero lo más probable es que de alguna manera se puedan reducir.

A continuación veremos los agentes que deben estudiarse en la detección de desperdicios, así como los 7 principales grupos de mudas definidos por Taiichi Ohno.

Agentes a estudiar en la detección de mudas

Para realizar un estudio eficaz de las mudas existentes en un proceso productivo o en general dentro de una organización, debemos poner el foco en los siguientes 7 grupos de agentes:

1. Las máquinas, equipos y útiles.
2. Los materiales manejados en el proceso.
3. Las personas.
4. La información, su transmisión y registro.
5. Los procedimientos y las operaciones de fabricación.
6. Las infraestructuras y el entorno de trabajo.
7. Los procesos de aseguramiento de la calidad.

Fijándonos en estos grupos de agentes podremos hacer una comparativa del estado previo al proceso de detección y eliminación de mudas y del estado posterior.

Grupos de mudas

En Lean Manufacturing, tradicionalmente se han considerado los 7 grupos de mudas definidos por Taiichi Ohno:

- **Sobreproducción**

La sobreproducción es uno de los problemas más arraigados en las empresas que se dedican a la fabricación de productos. Podemos diferenciar dos tipos: la sobreproducción de producto terminado y sobreproducción de componentes o materiales intermedios.

Algunos de los motivos que llevan a las empresas a producir de más son las siguientes:

- La producción a gran escala supone una reducción de los costes unitarios de fabricación.
- Errores en la planificación o planificación a largo plazo.

- Stocks de seguridad que permitan continuar con la producción o la venta en caso de faltas de material o averías.

Si bien es cierto que algunas de estas medidas pueden ser beneficiosas, también conllevan sobrecostes indirectos que se deberían tener en cuenta al medir la rentabilidad final de la producción. Las consecuencias más importantes derivadas de la sobreproducción serían:

- Costes de stock inmovilizado (costes de material, horas hombre, horas máquina, etc.)
- Aumento de los costes de custodia de productos en almacén.
- Reducción del espacio disponible tanto en el almacén como en las zonas de producción.
- Obsolescencia de los productos acabados.
- Deterioros, mermas, roturas, suciedad.

Una de las medidas más efectivas para limitar la sobreproducción es la utilización de lotes de producto más pequeños. Si bien este tipo de producción puede suponer un aumento en el número de cambios de modelo que se realizan, también tiene la ventaja de permitir una planificación de la producción mucho más flexible, pudiendo corregir desviaciones de forma más rápida y reduciendo la cantidad de stocks intermedios.

Algunos de los indicadores que se pueden emplear para gestionar la sobreproducción son los siguientes:

- Porcentaje de superficie dedicado al almacenaje de producto terminado sobre la superficie total de la planta.

- Rotación de los stocks, expresada en días.
- Porcentaje de stock en curso sobre el stock total.

- **Tiempos de espera**

Otro de los principales desperdicios son los tiempos de espera de personas y máquinas y es que, al fin y al cabo, son recursos que suponen un coste para las organizaciones y de los cuales se espera obtener un beneficio.

Algunas de las causas que pueden llevar a los recursos humanos y a las máquinas a estar ociosos son las siguientes:

- Procesos y automatizaciones mal diseñadas.
- Líneas no balanceadas, es decir, cadenas de producción cuyos puestos de trabajo tienen tiempos de ciclo distintos entre sí y provocan que algunos de los operarios o máquinas deban esperar (lo veremos más adelante detalladamente).
- Mala planificación en el suministro de componentes por parte de proveedores internos/externos que impide continuar con la producción por faltas temporales de material.
- Averías de las máquinas (paros no planificados).
- Paradas planificadas (mantenimiento preventivo).
- Reprocesos de piezas o aparatos en las máquinas o cadenas de producción.
- Tiempos de arranque y cambios de modelo.
- Micro paradas.
- Accidentes.
- Desmotivación de las personas.

Una vez se hayan identificado y evaluado las principales causas que provocan tiempos de inactividad, se deberán tomar acciones orientadas a la reducción de estos tiempos:

- Diseño de los procesos y de las automatizaciones poniendo el foco en la mejora del proceso, y nunca en la reducción de mano de obra o costes.
- Balanceo de las líneas de producción.
- Planificación óptima de los pedidos y del suministro interno a las cadenas.
- Replantear el mantenimiento de las máquinas (mantenimientos preventivos, Mantenimiento Productivo Total).
- Empleo de técnicas de reducción de los tiempos de arranque y los cambios de modelo, SMED.

Para detectar y monitorizar se pueden emplear los siguientes indicadores, que estudiaremos en la Parte III:

- Tiempo de cambio de modelo.
- Overall Equipment Effectiveness, OEE.
- Tiempo medio entre fallos, MTBF.
- Tiempo medio de fallo, MTTF.

- **Transporte**

El despilfarro asociado a los transportes es el tiempo invertido en desplazar materiales cuando esta acción no aporta un valor añadido al producto final. Estamos hablando del transporte de materiales dentro de una fábrica, el transporte entre almacenes y centros de producción, transporte hasta el cliente final, etc.

Una de las causas que puede provocar transportes innecesarios es la mala planificación del espacio, es decir, un mal lay-out de la fábrica o los almacenes.

Otro de los aspectos a tener en cuenta es el tamaño de los contenedores de materiales (cajas, pallets, gavetas) que se utilizan en el transporte de materiales: un tamaño demasiado pequeño puede provocar que el número de viajes necesarios sea elevado. Por otra parte, un tamaño de los contenedores demasiado grande puede suponer malgastar el espacio disponible.

Hay que tener en cuenta, además, que almacenes y zonas de fabricación demasiado grandes pueden suponer recorridos de suministro más largos.

Todos estos problemas conllevan que se invierta más tiempo en el desplazamiento de las mercancías, se deterioren más los medios de transporte, se consuma más energía y sea más probable que los materiales se deterioren durante el recorrido, todo ello con sus costes asociados.

Para evitar este despilfarro es recomendable realizar un estudio exhaustivo de la distribución en planta de la ubicación de las máquinas y las zonas de almacenaje que permita disminuir los recorridos y favorezca el flujo de materiales.

A continuación se muestra un lay-out simplificado para un proyecto de construcción en el que diseñé una planta de procesos a pequeña escala.

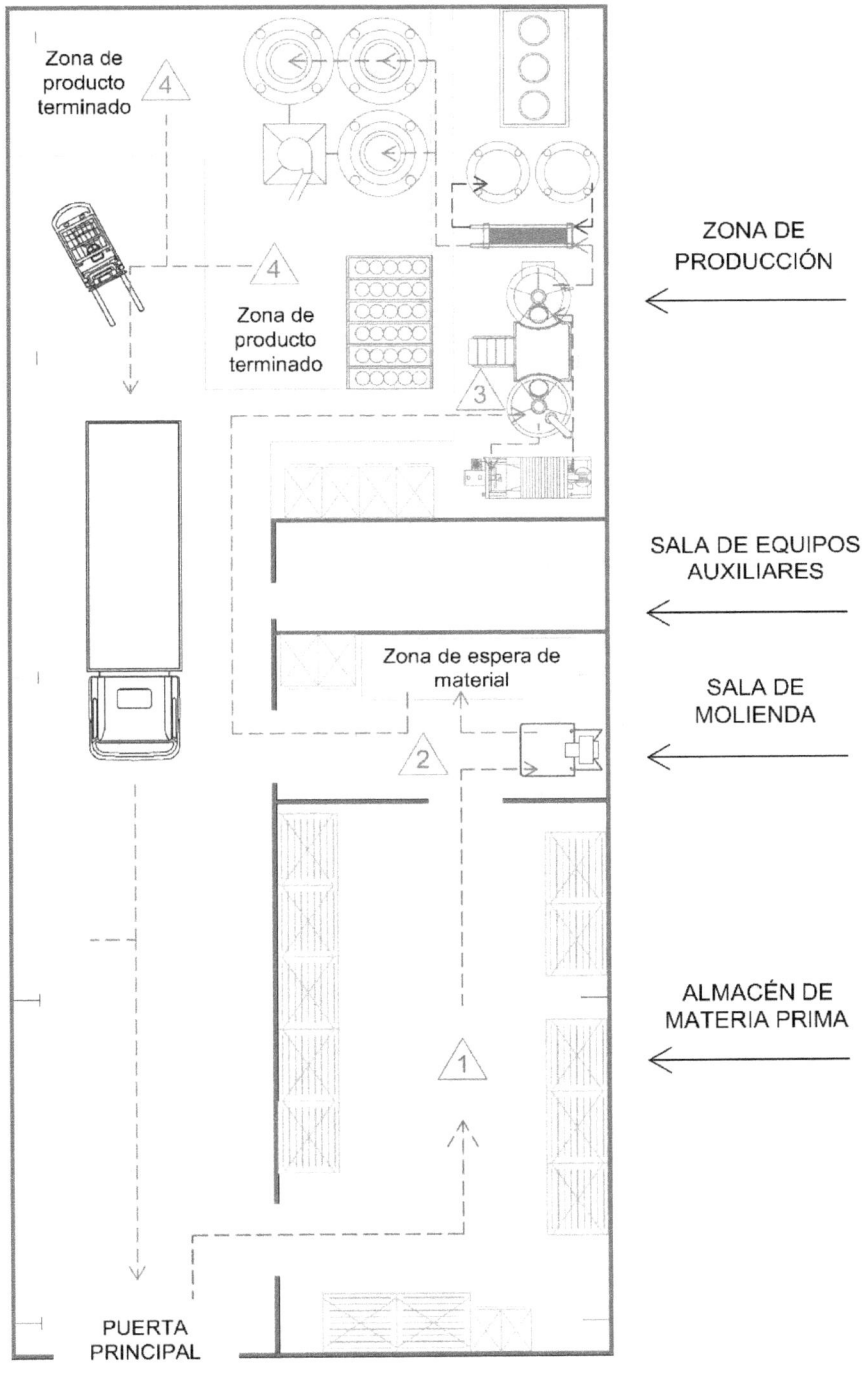

Durante el diseño de la fábrica mencionada prioricé una disposición en planta que favoreciera el flujo de material por el interior, minimizando de esta manera los transportes y el tiempo que se emplea en transportar materias primas y productos terminados.

- El almacén de materias primas (1) se encuentra cerca de la entrada principal. De esta manera las descargas de material por parte de los proveedores se pueden realizar sin necesidad de movimientos por el interior de la fábrica.
- La sala de molienda (2) se encuentra adyacente al almacén, y además existe una puerta que comunica ambas estancias. Esto es debido a que la mayoría de la materia prima empleada en el proceso debe pasar en primer lugar por el molino.
- El grano molido en la sala de molienda pasará a las calderas (3). En este caso no se ha podido trazar un camino recto, ya que era necesario colocar en ese punto una sala para los equipos auxiliares. Aun así, procuré que el punto (3) estuviera lo más cerca posible de la sala de molienda.
- A partir de aquí el proceso continúa mediante tuberías, procurando de nuevo la cercanía entre los equipos para evitar pérdidas (en el caso de este proceso, pérdidas en forma de calor) hasta llegar a la zona de almacenaje de producto terminado (4), que se situó cerca de la zona de paso de vehículos para favorecer su salida directa hacia el exterior de la planta.

- **Sobreprocesos**

Los sobreprocesos son un tipo de despilfarro asociado al trabajo innecesario sobre un producto, derivado de emplear pasos innecesarios en el proceso, por ejemplo: controles de calidad demasiado exhaustivos, duplicidad de tareas, desconocimiento de lo que realmente quiere el cliente, etc.

La consecuencia directa de esta muda es un aumento de los costes y una disminución de la eficiencia general del proceso. La mejor manera de solventar este problema es la realización de un VSM, o Value Stream Mapping (Mapa del flujo de valor) cada cierto tiempo para poder identificar las partes del proceso duplicadas y aquellas tareas a las que se está dedicando demasiado tiempo.

- **Inventario**

Se trata del desperdicio asociado a la acumulación de existencias, lo cual lleva asociados unos costes (organizativos, mano de obra, mermas, etc.) que es necesario controlar y reducir en la medida de lo posible. Este es uno de los desperdicios más importantes, pero a su vez de los menos valorados.

Por una parte, los inventarios ofrecen una serie de beneficios como la reducción de plazos de entrega, disminución de la posibilidad de sufrir una rotura de stock y disminución de costes de adquisición/transporte (por compras de grandes lotes).

Por otro lado, los stocks conllevan una serie de costes provenientes de múltiples orígenes y que en ocasiones quedan ocultos y no son fáciles de asignar.

Si bien es cierto que el **inventario cero** es una utopía, se debe trabajar con la idea de reducir al máximo las existencias sin comprometer otros parámetros como la producción o el suministro a clientes, pues conseguiremos reducir los costes radicalmente.

Estos costes pueden aparecer de las siguientes maneras:

- **Costes de inmovilizado**

Son proporcionales al tamaño del stock almacenado y al tamaño de los stocks de seguridad. Los costes serán igual al valor medio de los materiales almacenados multiplicado por el coste de oportunidad del dinero.

- **Costes de mantenimiento**

Este tipo de coste está asociado a pérdidas producidas en el inventario por el paso del tiempo, es decir: mermas por pérdidas de peso, pérdidas de calidad, pérdidas por caducidad, productos que quedan obsoletos...

- **Costes de aprovisionamiento**

Este tipo de costes varía de forma inversa al tamaño del inventario. O lo que es lo mismo, si reducimos los inventarios, este tipo de costes aumentarán. Son los costes de compra (asociados a descuentos por cantidad), costes de envío y recepción de pedidos, costes de transporte, etc.

- **Costes de gestión del almacén**

Son todos aquellos costes inherentes al propio funcionamiento del almacén: mano de obra, maquinaria y su mantenimiento, gastos en la compra de consumibles y repuestos e inmovilizado del almacén (estanterías, utillajes).

- **Costes por deterioro**

Son los costes producidos por el deterioro de los materiales debido a una mala gestión, errores humanos y de las máquinas (golpes, caídas, vibraciones).

Para reducir los inventarios innecesarios y sus costes asociados se pueden llevar a cabo una serie de acciones o políticas dentro de las empresas.

En primer lugar, es primordial llevar un control preciso del stock real que se encuentra en las instalaciones, y para ello son muy útiles los Sistemas de Gestión de Almacenes que nos permitan acceder en todo momento a la información relativa a cantidades, costes y ubicaciones, así como dar las altas y bajas de los materiales cuando se reciben o se sacan. Si has trabajado en un almacén sabrás lo difícil que es controlar el número real de unidades de producto que hay en cada momento, razón principal por la que una vez al año por lo menos es necesario hacer inventario (con sus costes asociados).

Podemos utilizar indicadores que nos ayuden a realizar un seguimiento de nuestros inventarios dentro de fábrica y del éxito de las medidas adoptadas. Uno de ellos es el índice de rotación de inventario. Un valor elevado de este índice nos muestra que hay mucho movimiento en el almacén, es decir, que el inventario está bastante ajustado. Por otro lado, un valor bajo del índice de rotación nos indica que tenemos demasiado stock. Dos formas de calcular el índice de rotación son las siguientes:

- Índice de rotación en número de rotaciones al año:

$$IR\ [n^{\underline{o}}\ veces] = \frac{Ventas\ o\ Compras\ al\ año\ [U.M.]}{Valor\ del\ stock\ [U.M.]}$$

- Índice de rotación en número de meses de stock:

$$IR\ [meses] = \frac{Valor\ del\ stock\ [U.M.] * 12[meses]}{Ventas\ al\ año\ [U.M.]}$$

U.M. = Unidades Monetarias

Ejemplo: El mayorista de manzanas

Imaginemos una empresa que se dedique a la compra de manzanas a pequeños agricultores para su posterior venta a supermercados. El valor del stock almacenado de esta empresa depende por una parte del precio de mercado de las manzanas y por otra parte de su peso.

Supongamos que esta empresa compra 25.000 kg de manzanas a sus proveedores a lo largo de un día. El precio de compra ha sido de 0.40 €/kg, por lo que ha desembolsado una suma de 10.000 €. Esta empresa tiene pensado vender sus manzanas a un precio de 1.10 €/kg (27.500 € en total). Esto significa que, si obviamos todos los costes asociados al transporte, distribución, manipulación, etc. la empresa obtendrá un beneficio de 0.70€/kg, o lo que es lo mismo, 17.500 €.

Las manzanas, una vez han sido recogidas del árbol, comienzan a perder peso debido a la disminución del agua que contienen. Vamos a decir que lo hacen a razón de un 1% al día. ¿Cuánto dinero perderá esta empresa al cabo de una semana por el simple hecho de almacenar sus manzanas?

$$Pérdidas = \text{Cantidad almacenada} * (1/100)^{N^{\underline{o}}\ días} * Beneficio$$

Si sustituimos los datos de nuestro mayorista en la fórmula anterior, obtendremos la cantidad de dinero que deja de ganar.

$$Pérdidas = 25.000 \text{ kg} * (1/100)^7 * 0.70€/kg$$

$$Pérdidas = 857.67\ € \text{ sobre } 17.500\ € \text{ previstos } (-4.9\%)$$

Este es un caso en el que la empresa tendría que valorar si le compensa hacer pedidos más pequeños y de esta manera tener almacenado el material durante menos tiempo.

Ejemplo: cálculo del índice rotación

Una empresa que se dedica a la fabricación de lavadoras cuenta con dos almacenes: uno donde se guardan las materias primas, a la espera de ser enviados a planta, y otro donde se guardan los productos terminados, que después serán distribuidos a los clientes.

Los trabajadores del almacén de materias primas se quejan de que tienen que desplazarse por el almacén mucho más que los del almacén de producto terminado, alegando que el almacén de materias primas es demasiado grande para la producción que tiene la fábrica.

El jefe de almacén decide utilizar un indicador para comparar ambos almacenes, y se ha decantado por el índice de rotación de stocks. Él lleva un seguimiento de las entradas y salidas de ambos almacenes y del valor monetario medio del contenido a lo largo del año pasado: el valor medio del almacén de materias primas es de 247.040 € mientras que el valor medio del almacén de producto terminado es de 415.300 €. Además, el departamento de Compras y Comercial le facilitan los precios de compra y venta: el curso pasado el almacén de materia prima recibió material por valor de 4.548.600 €, mientras que las ventas de la fábrica fueron de 6.958.400 €. El resultado fue el siguiente:

$$IR\ Materia\ Prima = \frac{4.548.600\ €}{247.040\ €} = 18,4\ veces$$

$$IR\ Producto\ Terminado = \frac{6.958.400\ €}{415.300\ €} = 16,8\ veces$$

Tal y como suponía el jefe de almacén, los índices de rotación de ambos almacenes son muy parecidos. Por desgracia para los empleados del almacén de materia prima, su lugar de trabajo tiene un índice de rotación más alto que el almacén de producto terminado o lo que es lo mismo, tiene "menos stock".

- **Movimientos**

Otra de las mudas definidas por Taiichi Ohno son los movimientos. A diferencia del «Transporte» (que hace referencia a las mercancías), el desperdicio «Movimientos» es intrínseco a las personas.

Se trata de cualquier movimiento, bien sea de una parte del cuerpo o de la persona en su totalidad, que es innecesario y por tanto podría evitarse o reducirse.

Algunas de las causas que llevan a realizar este tipo de movimientos son:

- Lay-out de la fábrica poco o nada optimizado.
- Mala distribución de los equipos por la planta.
- Puestos de trabajo mal diseñados.
- Desorden, stock excesivo, falta de visibilidad.

Este tipo de desperdicio supone costes de tiempo que se traducen en costes monetarios y, más importante, pueden llegar a suponer problemas de salud para las personas.

Para solucionar este tipo de problema es necesario realizar un estudio sobre la distribución de la planta y sobre los puestos de trabajo, y podemos emplear herramientas como las 5S, que veremos más adelante.

- **Defectos**

Por último, encontramos el desperdicio asociado a la no calidad, es decir, a los defectos o errores en el producto. Estos hacen que aquello que se ha fabricado no se adecúe a las especificaciones y necesidades del cliente, y conlleva gastos asociados a las no conformidades.

Las **causas** que pueden llevar a las empresas a cometer defectos pueden ser muchas y variadas, pero entre otras encontramos:

- Falta de un sistema de detección temprana de errores.
- Falta de un registro de los tipos de fallos que dan lugar a defectos.
- Falta de atención del personal encargado de la fabricación.
- Mantenimiento inadecuado de las herramientas.

Las consecuencias de cometer defectos pueden ser la pérdida de prestigio de la empresa y la disminución de la confianza de los clientes en caso de que los defectos lleguen al mercado. Por otro lado, los análisis de calidad suponen una pérdida de tiempo y dinero para las organizaciones, que repercute finalmente en una pérdida de productividad y materiales por ser necesaria la inversión en personal dedicado a comprobar la calidad de los productos y posteriormente a reprocesar los aparatos defectuosos.

Para reducir el número de defectos será necesario que adoptemos métodos enfocados en la resolución de problemas dentro de nuestra compañía, mediante el uso por ejemplo de diagramas de espina de pez o el AMFE.

Algunos indicadores que nos permiten realizar un seguimiento de la calidad en nuestra fábrica son el tiempo dedicado a reproceso, el *First Pass Yield* o el *Failure Rate*, que veremos con detalle más adelante.

Gestión de la Calidad Total

"Calidad significa hacer lo correcto cuando nadie está mirando"

Henry Ford

Qué es la Gestión de la Calidad Total

Aprovechando que acabamos de estudiar las causas que pueden llevar a fabricar productos defectuosos y las consecuencias que pueden provocar estos defectos, vamos a hablar sobre la Gestión de la Calidad Total (TQM, Total Quality Management en inglés).

Esta forma de gestionar las organizaciones va más allá de la disminución de los defectos en nuestros productos. Es una filosofía, una manera de trabajar y ver las empresas y los procesos cuyo pilar fundamental es la mejora continua poniendo el foco en todo momento en la satisfacción de nuestros clientes.

A continuación, se van a exponer los 11 principios para conseguir la calidad total que propuso el japonés Ichiro Miyauchi, quien fue uno de los precursores de este sistema de gestión y ejerció como consejero de la Unión Japonesa de Ingenieros y Científicos.

Los 11 principios de la Calidad Total

- <u>Calidad en primer lugar</u>

Solamente la calidad puede garantizar la competitividad, el crecimiento, la productividad y la rentabilidad a largo plazo, a través de la satisfacción del cliente.

- <u>Orientación al cliente</u>

El fin último de la calidad es la satisfacción del cliente, y por ello todas las acciones se deben tomar en base a esta premisa. Se debe comenzar por la identificación de sus necesidades hasta encontrar la manera óptima de satisfacerlas.

- <u>La importancia del cliente interno</u>

Dentro de las plantas industriales existen áreas que reciben productos de secciones precedentes. Satisfacer las necesidades de los clientes internos es uno de los pasos para mejorar la calidad general, así como la productividad.

- <u>Acción orientada por hechos y datos</u>

No deben tomarse decisiones en base a juicios de valor ni premoniciones. Las acciones deben estar guiadas por datos objetivos y contrastados, obtenidos mediante herramientas e indicadores fiables.

- <u>Valorar a los trabajadores</u>

La base sobre la que se asientan las organizaciones son sus trabajadores. Es aconsejable valorar y tener en cuenta a todos ellos, no solamente a los directivos, cuando se deban tomar decisiones.

- <u>Acción orientada por prioridades</u>

Los recursos de las empresas no son infinitos, y esto nos lleva a elegir cuidadosamente los puntos de acción sobre los que vamos a trabajar, es decir, aquellos a los que vamos a dedicar nuestros recursos.

- <u>Control de procesos</u>

La calidad y el valor añadido se generan y controlan durante los procesos productivos. Se debe evitar realizar el control una vez se haya finalizado el producto.

- <u>Control de la dispersión</u>

Tener controlados los procesos supone acotar la variabilidad de estos. Un proceso con una dispersión elevada también es un problema de calidad.

- <u>Detección precoz del error</u>

Cuanto antes se detecten los errores y se tomen medidas para paliarlos, mejor. Actuar sobre las consecuencias es más caro.

- <u>Acción de bloqueo y corrección</u>

No permitir que un mismo error se cometa dos veces. En el momento en que surge un error, será necesaria una acción preventiva que impida su repetición y una acción correctora.

- <u>Compromiso de la dirección</u>

Para el correcto funcionamiento de un sistema basado en la calidad total es necesaria la implicación de toda la organización, desde los trabajadores hasta la alta dirección.

Qué elementos pueden provocar un defecto

Existen 5 agentes capaces de producir defectos:

- <u>Hombre</u>

Los defectos de origen humano son unos de los más frecuentes. Para poder prevenir este tipo de defectos es importante contar con personal formado pero, aún más importante, personal disciplinado. De nada sirven horas y horas de formación si las personas no son capaces de aplicar lo aprendido y cumplir con los estándares de trabajo.

- <u>Máquina</u>

Otros de los defectos más comunes son los provocados por las máquinas. Por lo general, una máquina produce un defecto cuando su funcionamiento no es el adecuado, es decir, cuando no se encuentra en condiciones óptimas de operación. ¿Cómo podemos prevenir este tipo de fallos? Manteniendo la máquina en buen estado: realizando revisiones periódicas, formando a los trabajadores para detectar y resolver anomalías sencillas, realizando mantenimientos preventivos y siendo eficaces con los mantenimientos correctivos.

- <u>Material</u>

La calidad de los materiales es muy importante para reducir el número de productos defectuosos en nuestras instalaciones. Para ello es importante mantener relaciones estrechas con nuestros proveedores y contar con una sección interna que se encargue de cribar los materiales y piezas que se reciben.

- Método

Un buen proceso es inviable sin un buen método, y un buen método será muy difícil de conseguir sin la implicación directa de los operarios que se encargan del proceso. Además, una vez establecidos los métodos de trabajo es importante realizar revisiones periódicas para mejorarlos y corregir las posibles desviaciones que puedan surgir.

- Entorno

Puede tratarse de problemas derivados del polvo, la luz, vibraciones, temperatura... Si bien este agente es el que menos fallos provoca, es también el más difícil de detectar.

Métodos de detección y reducción de fallos

Tal y como acabamos de ver, uno de los 11 principios de la Calidad Total es la detección temprana de los errores, la cual nos permitirá reducir los gastos asociados a reparaciones, reprocesos y a la no conformidad de los clientes, tanto internos como externos. Ahora vamos a estudiar algunos métodos para localizar errores dentro de nuestros sistemas productivos, pero antes vamos a ver una técnica que permite evitarlos.

- **Poka-yoke**

Los *poka-yokes* son sistemas que impiden que se produzca un error, en la mayoría de las ocasiones de naturaleza humana. Principalmente se emplean para evitar accidentes de seguridad y para evitar fallos durante el montaje de piezas o conexión de aparatos que den lugar a defectos de calidad o funcionalidad. Veamos algunos ejemplos.

- <u>El cable USB tipo A</u>

Lo más probable es que tengas algún cable con conexión USB o algún pendrive a la vista. Este mecanismo solo permite conectar el cable o pendrive de una manera, no se puede conectar al revés. ¡Ojo! Me refiero al USB tipo A. En los últimos años están viendo la luz otro tipo de conexiones donde es indiferente la manera en la que se conecte, como el USB tipo C que se emplea actualmente como forma de carga de casi todos los teléfonos móviles.

- <u>Pulsadores dobles</u>

Este método se emplea para evitar accidentes de seguridad. Imagina una prensa hidráulica operada por una persona. Esta persona tiene que introducir y retirar piezas del interior de la prensa durante ocho horas al día, cinco días a la semana, cuatro semanas al mes... Estaremos de acuerdo en que puede darse un despiste del operario en cualquier momento y pulsar la seta de activación de la prensa mientras tiene una mano debajo del troquel (con las consecuencias que ello implica).

¿Cómo evitar este accidente de seguridad? Obligando a que se deban pulsar dos setas a la vez con ambas manos (siendo imposible activar ambas setas con una sola mano) para que la prensa comience a funcionar.

- **Jidoka**

Tanto los *jidokas* como los *poka-yokes* sirven para disminuir el número de defectos que llegan, y hemos visto que los *Poka-*

yokes lo hacen evitando que se produzca el defecto pero ¿cómo funcionan los *jidokas*?

Desde el punto de vista de Lean Manufacturing, el objetivo principal de *jidoka* es dotar a los procesos de mecanismos de autocontrol de calidad, de tal forma que, ante una eventual situación anormal, el proceso se detenga de manera automática, logrando reducir el número de unidades defectuosas que avanzan por el proceso.

Si echamos la vista atrás, cuando hablamos sobre cuáles fueron los precedentes del Lean Manufacturing mencioné a Sakichi Toyoda, el cual: «introdujo un sistema de detección de errores en sus telares que permitió la automatización del proceso de fabricación de tela». Pues bien, ese sistema de detección de errores era un *jidoka*. En el caso de los telares, Toyoda ideó un método que detenía la máquina en caso de que uno de los hilos se rompiera.

Los *jidokas* no impiden que se cometa un error, sino que impiden que se propague o se siga produciendo una vez se ha detectado.

La Cadena de Valor

"Todo lo que hacemos es observar la línea de tiempo desde que recibimos una orden hasta que recibimos el dinero. A través de ese análisis, reducimos la línea de tiempo mediante la eliminación de tareas que no aportan valor"

Taiichi Ohno

Qué es la Cadena de Valor

La cadena de valor hace referencia a todos aquellos pasos, actividades u operaciones necesarios para fabricar un producto desde los proveedores hasta el cliente final. Estas acciones deben contener tanto las operaciones que aportan valor añadido como las que no lo aportan.

En la imagen siguiente se representan los tiempos de valor añadido y los de no valor añadido de una cadena de valor.

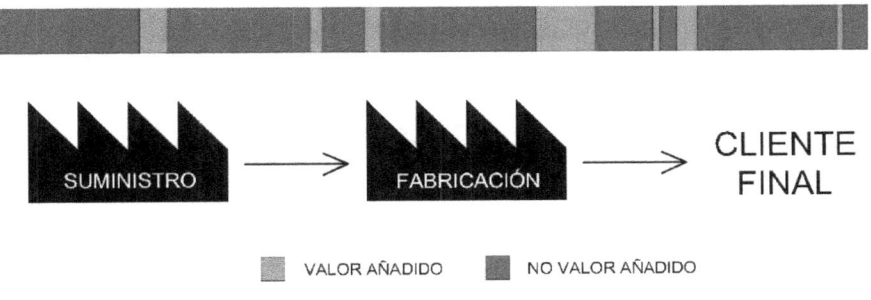

Valor añadido

Hemos mencionado varias veces el término «valor añadido», y lo hemos definido como «todo aquello por lo que el cliente está dispuesto a pagar», pero podemos definirlo también como todo aquello que hace avanzar el producto hacia su función final.

En la imagen anterior hemos visto cómo a lo largo del flujo de valor del producto hay espacios de tiempo en los que se agrega valor al producto o, lo que es lo mismo, espacios de tiempo en los que se transforma, y lapsos de tiempo en los que no se agrega valor.

Por lo general, la mayoría del tiempo no se agrega valor a los productos. Aquí se concentran todos los tiempos de espera, de almacenaje y los transportes de los que hemos hablado anteriormente.

La mejora de la cadena de valor puede tener dos enfoques:

- El primero de ellos se centra en reducir el tiempo de proceso de las operaciones de valor añadido o transformación.
- El segundo enfoque se centra en reducir los tiempos en los que no se agrega valor al producto final (desperdicios). Estos tiempos tienen mucho más margen de mejora puesto que la mayor parte de la cadena de valor está compuesta por tiempos de no valor añadido.

A continuación, vamos a estudiar varios conceptos relacionados con la cadena de valor y sus tiempos.

- **Tiempo de proceso**

Es el tiempo que tarda una pieza en ser procesada, es decir, el tiempo que transcurre desde que la pieza amarilla entra en el proceso hasta que sale de él. Durante todo momento se realiza una operación sobre la pieza, por ejemplo: duración de una pieza dentro de un horno, decapado en un baño de licor de pasivado, etc.

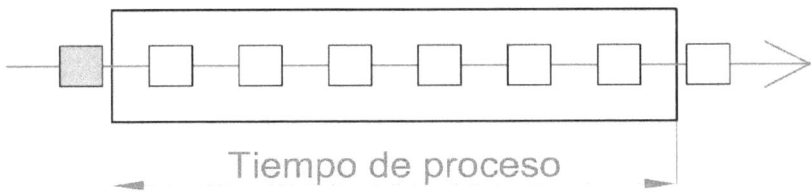

Tiempo de proceso

- **Tiempo de ciclo**

Es el tiempo que transcurre desde que sale una pieza del proceso hasta que sale la pieza siguiente. Este indicador es útil para detectar cuellos de botella en alguna parte del proceso, ya que permite ver cada cuánto tiempo están produciendo piezas las distintas máquinas y comparar.

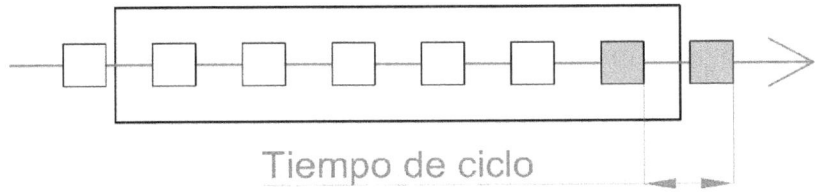

Tiempo de ciclo

- **Tiempo de fabricación**

Se trata del total de tiempo que una pieza tarda en recorrer uno o varios procesos, contando con los tiempos de inactividad. Podemos aplicarlo al tiempo que pasa una pieza desde que entra en nuestra fábrica hasta que sale, o aplicarlo simplemente a una máquina

- **Takt time**

Es el ritmo de fabricación necesario para hacer frente exactamente al ritmo de demanda del cliente. Vamos a verlo con un ejemplo.

Nuestra empresa fabrica botellas de vidrio, y por desgracia solamente tenemos un cliente, que nos hace un pedido cada mes de 500.000 botellines. Nuestra fábrica trabaja 5 días a la semana a dos turnos de 8 horas cada uno, y no se detiene la producción en ningún momento.

Si cada mes se trabaja de media 20 días durante dos turnos de 8 horas, cada mes se trabaja durante 1.152.000 segundos. El Takt Time de nuestro cliente al cual vamos a tener que adaptarnos será:

$$Takt\ Time = \frac{1.152.000\ segundos}{500.000\ botellines} = 2.3\ \frac{segundos}{bottellín}$$

Nuestro tiempo de ciclo tendrá que ser por tanto igual a 2.3 segundos.

En este caso hemos hecho un ejemplo muy sencillo en el que solo existe un cliente y además todos los meses nos demanda la misma cantidad de botellines. Asimismo, nuestra fábrica funciona perfectamente el 100% del tiempo y no existen averías.

En las fábricas del mundo real, como seguramente sabrás, las empresas trabajan con varios clientes cuyas demandas pueden variar enormemente de un mes a otro, sobre todo si el negocio es estacional. Por otra parte, la fabricación diaria en una fábrica puede variar mucho de un día para otro debido a contratiempos como averías de las máquinas, faltas de personal, tiempos dedicados a formación de los trabajadores, faltas de material, rendimiento bajo, y un largo etcétera.

Sistemas de producción

"Cuánto más inventario acumula una organización, más probable es que no tenga aquello que necesita"

Taiichi Ohno

Qué son los sistemas de producción Pull y Push

Acabamos de hablar sobre el ritmo de producción que demandan nuestros clientes, y esto viene muy al hilo del tema que nos ocupa ahora: los sistemas de producción basados en *Pull* o *Push*.

- **Sistemas Push**

Los sistemas de producción *Push* (traducido del inglés, empujar) basan su producción en previsiones más o menos exactas. Este sistema productivo comenzó su expansión después de la segunda revolución industrial a comienzos del siglo XX, y trata de inundar el mercado con su producto esperando así que surjan nuevos clientes. Uno de los máximos exponentes de este método fue la Ford Motor Company, cuyo fundador Henry Ford dijo una vez: «todos los clientes pueden tener un Ford del color que deseen, siempre y cuando ese color sea negro».

Este sistema productivo tiene como ventaja que permite desacoplar los diferentes segmentos que forman la cadena Proveedor-Fabricante-Cliente, ya que los altos niveles de stock permiten hacer frente a faltas de suministro o a cambios bruscos de la demanda. También permite bajar los costes de producción gracias a la reducción de precios por la compra de grandes lotes de materias primas.

Como efecto negativo: este sistema requiere hacer pedidos de materias primas muchas veces inexactos basándose en previsiones. También requiere almacenes sobredimensionados para poder guardar grandes cantidades de materias primas y productos terminados, los cuales se devalúan con el paso del tiempo.

- **Sistemas Pull**

Por su parte, los sistemas de producción tipo *Pull* (tirar) radican en planificar la producción en base solamente a aquello que haya demandado el cliente. Es el siguiente eslabón de la cadena quien obliga al anterior a producir.

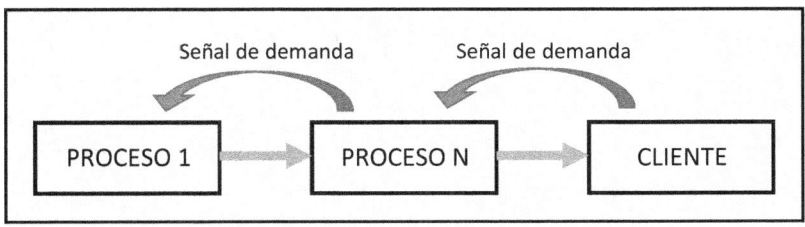

Este método de producción evita ocupar máquinas y recursos humanos innecesariamente y se reduce el tamaño de los lotes de fabricación y, por tanto, es posible detectar los cambios repentinos y adaptarse a ellos de manera más flexible. Por otra parte, se reducen los inventarios de materias primas, producto intermedio y producto terminado, y consecuentemente se reducen los tiempos de proceso. Sin embargo, cada segmento de la cadena de fabricación depende enormemente del anterior, y esto supone mayores probabilidades de que se produzca una rotura de stock en cualquier parte del proceso.

Un buen ejemplo de sistema de producción Pull es el libro que estás leyendo ahora. Amazon ofrece un servicio de auto publicación que permite a cualquier persona escribir y vender libros. Utilizan un sistema llamado "Print On Demand" (impresión bajo demanda) que no es más que un sistema de producción Pull.

Cuando el libro está escrito, se ha editado, se ha escogido el formato, se ha establecido el precio y se ha diseñado la portada (todo esto por parte del autor), Amazon guarda toda la información y publica el libro en su web, pero no imprime ninguna copia. En el momento en que alguien hace un pedido del libro a través de la página web, Amazon lo imprime en una de sus imprentas repartidas por todo el mundo y se lo envía directamente al cliente.

En definitiva, la empresa solo ha fabricado el producto en el momento en el que el cliente lo ha demandado y no necesita almacenar copias del libro ya que en cuanto se fabrica, se envía. Todo esto se consigue gracias a un nivel de estandarización de los productos muy elevado (los formatos y dimensiones de los libros están muy acotados). Además, los controles de calidad se hacen más difíciles ya que cada unidad producida a lo largo del día es diferente.

El método Just in Time (JIT)

El modelo de trabajo «Just in Time (JIT)» (traducido del inglés: Justo a tiempo) es lo más alejado de la forma tradicional de trabajar, aquella en la que se fabricaba independientemente de que hubiera demanda o no (*Push*) con el objetivo de llenar el mercado con nuestros productos. De alguna manera JIT tiene como base el modelo de trabajo de los sistemas *Pull*, pero dando un paso más allá.

Este sistema de fabricación pretende suministrar al cliente en base a 5 premisas:

1- Qué: se suministra solamente aquello que el cliente ha pedido.
2- Cuándo: el cliente recibe el pedido en el momento en que lo necesita.
3- Cuánto: la cantidad servida es exactamente la cantidad requerida.
4- Cómo: la calidad con la que se fabrica y suministra al cliente es aquella que él ha establecido.
5- Dónde: el lugar de suministro es el que solicita nuestro cliente.

Parece sencillo, ¿no? Nada más lejos de la realidad. Alcanzar un sistema de producción Just in Time es uno de los estados más avanzados de Lean Manufacturing, y requiere que toda la cadena de suministro (desde los proveedores, pasando por toda nuestra fábrica, hasta nuestros clientes) funcione Just in Time. Dicho de otro modo: nuestra fábrica JIT requiere proveedores JIT.

Suministro directo a línea

"Mejora siempre el sistema de producción para mejorar la calidad y la productividad, y así reducir los costes"

W. Edwards Deming

Qué es el Suministro directo a línea

Esta técnica (también conocida por su denominación en inglés, "Ship to Line") sirve para mejorar el flujo de material dentro de los procesos de fabricación.

La idea principal consiste organizar los flujos de material de forma que se distribuya directamente a las cadenas de producción en el momento en que nuestro proveedor la entrega, en lugar de guardarla en un almacén y después suministrarla a las líneas.

Para entenderlo fácilmente: cuando pedimos una pizza a domicilio, lo normal es servirla en la mesa y comerla minutos después de que el repartidor nos la entregue en la puerta de casa. No sería lógico recibir la pizza y guardarla en la nevera para comerla mañana, ¿no? Para eso podríamos haberla pedido al día siguiente y la disfrutaríamos recién hecha.

El enfoque tradicional

La forma más extendida de manejar los componentes y las materias primas una vez se produce su recepción en nuestras instalaciones es guardarlos en un almacén a la espera de que el proceso de fabricación vaya a hacer uso de ellos. Después de esto, los materiales se sacan de nuevo del almacén y se trasladan hasta el proceso demandante. Allí permanecerán de nuevo a la espera durante un pequeño periodo de tiempo hasta que se haga uso de ellos.

Recepción de material — Colocación del material en el almacén — Reparto a las líneas de producción

Como podemos ver en la imagen anterior, los materiales se han manejado al menos dos veces: la primera vez en el momento en que se descarga del vehículo de reparto y se lleva hasta su ubicación en el almacén y una segunda vez en el momento en que se recoge de su ubicación y se lleva hasta el punto del proceso donde se va a utilizar.

Pero en realidad los materiales se han manejado más veces: por ejemplo, durante la descarga del camión, puede que los componentes se hayan depositado temporalmente en una zona de descarga junto a los muelles de descarga, para después ser llevados a su ubicación definitiva en el almacén.

El enfoque Ship to line

La técnica de suministro directo a línea trata de reducir estos pasos en los que el material se maneja varias veces, moviéndose de un punto a otro de la fábrica.

En lugar de guardar los componentes y las materias primas en un almacén para después ser entregados a los puntos de uso, "Ship to line" pretende eliminar estos movimientos intermedios y entregar los componentes directamente a las zonas de consumo desde la zona de recepción.

Recepción de material → Reparto a las líneas de producción

Ventajas que ofrece Ship to line

Mediante el empleo de esta técnica reduciríamos 2 de las 7 mudas: el transporte de materiales y el inventario. Esto se traduciría en:

- Menos tiempo de trabajo para los operarios del almacén.
- Menos mantenimiento de vehículos dedicados al manejo de material.
- Reducción del tráfico en el interior de la fábrica.
- Más espacio en nuestras instalaciones.
- Menos dinero invertido en stocks.
- Reducción del tiempo de fabricación.

Requisitos para la implementación del Ship to line

El principal requisito para conseguir aplicar con éxito esta técnica en nuestros procesos productivos es mantener siempre un nivel de inventario muy bajo.

Debemos tener en cuenta que nuestro propósito es evitar que nuestros materiales tengan que pasar por un almacén antes de ser suministrados a las líneas de producción. Dicho de otro modo: nuestra intención es eliminar el almacén intermedio.

Por tanto, una vez recibamos los componentes en nuestros muelles de descarga debemos llevarlos directamente a la zona donde se van a consumir. Por lo general, en estos lugares no hay mucho espacio libre donde poder depositar los materiales, así que el stock deberá ser mínimo.

Bajo esta premisa encontramos el primer requisito: el índice de rotación del stock debe ser elevado, y esto será una consecuencia de reducir gradualmente los niveles de inventario en nuestra planta.

Siguiendo esta línea llegamos al segundo requisito: los suministros de material por parte de los proveedores deben producirse cada poco tiempo y deberán ser más pequeños. Es más, lo ideal será que las entregas de material se produzcan justo en el momento en que nuestras máquinas vayan a hacer uso de ellos y en la cantidad exacta. Si recuerdas la última frase del capítulo anterior: *«nuestra fábrica Just in Time requiere proveedores Just in Time».*

Otro aspecto a tener en cuenta en la implementación del *Ship to Line* es el embalaje de los materiales que recibimos. De manera ideal, estos embalajes deberán sufrir el menor cambio posible desde que llegan a nuestra fábrica hasta que se utilizan en el proceso productivo. Dicho de otra forma: si en nuestra cadena de fabricación disponemos de estanterías por donde recibimos el material, las cajas que recibimos de proveedor con los componentes que vamos a utilizar deben encajar perfectamente en nuestra estantería. De esta forma evitaremos cambiar los materiales de recipiente o contenedor.

Conclusión

Ya hemos visto que la técnica *Ship to Line* y el método *Just in Time* están profundamente ligados, siendo imposible la existencia del STL sin el JIT, y viceversa.

Por tanto, podemos concluir, tal y como dijimos en el capítulo anterior, que conseguiremos implementar el suministro directo a línea de manera óptima solo cuando nuestra fábrica y nuestra cadena de suministro aguas arriba funcione como una cadena perfectamente engrasada, y esto es extremadamente difícil.

Personalmente no creo que esto sea posible, al menos en un futuro cercano, ya que siempre existirán desvíos en los planes de fabricación de nuestra planta, desvíos en los planes de nuestros proveedores, problemas en la cadena suministro, y un largo etcétera. Pero sí que podemos trabajar bajo las directrices anteriores para intentar acercarnos lo máximo posible a esta quimera, empezando por la reducción de stocks o intentando aplicar STL a componentes que no sean vitales.

Kanban

"No hay nada más inútil que hacer con gran eficiencia algo que no debería haberse hecho nunca"

Peter Drucker

Los sistemas Kanban

Kanban es un sistema de autorregulación de la fabricación. Es uno de los principales métodos de control de la producción gracias a su simplicidad y a que no necesita grandes inversiones.

Kanban es una palabra que proviene del japonés y significa «registro visual», «letrero» o «tarjeta». Al igual que muchos de los sistemas de fabricación que se exponen en este libro, este método se ideó en Toyota en la década de los 50. El principio de funcionamiento es el siguiente:

En una determinada sección hay una cantidad determinada de producto a disposición del «cliente» (que por lo general es el operario de una máquina o un miembro del almacén). El cliente va consumiendo el stock que hay almacenado hasta que la cantidad disponible alcanza un mínimo. En ese momento, el encargado del sistema Kanban debe comenzar a reponer stock.

¿Qué tienen que ver aquí las tarjetas? Como hemos dicho, este sistema de control de stocks funciona de manera visual. Cuando este sistema comenzó a gestarse en la casa Toyota, a Taiichi Ohno se le ocurrió emplear tarjetas para realizar el control de la producción. ¿Cómo? Al comenzar la producción de un nuevo vehículo se le adjuntaba una tarjeta, que viajaba con él a lo largo de la cadena de producción. Una vez se finalizaba la producción del vehículo, la tarjeta se separaba del coche y se llevaba de nuevo al principio de la cadena de producción. De esta forma se podía gestionar la producción de manera visual mediante el uso de tarjetas y ver en todo momento el trabajo en curso de la fábrica.

Los cambios que consiguieron empleando este método fueron varios:

- Se redujo el trabajo en curso, evitando además la sobreproducción y la cantidad de stock almacenado.
- El sistema ganó visibilidad y simplicidad.

Las tarjetas empleadas en este sistema pueden tener el siguiente formato:

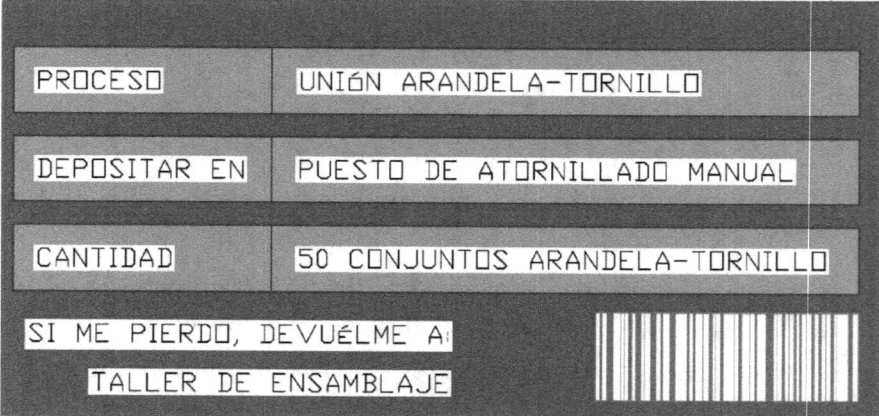

Además de las tarjetas, existen diferentes métodos de señales visuales para controlar el stock y la demanda, como pueden ser los «contenedores Kanban» (contenedores vacíos que hacen las veces de tarjeta), «recuadros Kanban» (recuadros pintados en el suelo en los que se ubica material voluminoso o pesado) o los «Kanban electrónicos».

Ahora que ya hemos visto los principios de funcionamiento del sistema Kanban te pregunto, ¿te recuerda a algo? Pues seguramente sí, porque esta es la manera en la que funcionan los supermercados. Pensemos en las estanterías de la sección de aceite de un supermercado cualquiera. Habrá distintas marcas de aceite en esta sección, y en las estanterías habrá espacio para un determinado número de botellas (tres, seis, las que sean) para cada una de las referencias. Conforme los clientes retiran las botellas de la estantería, el hueco que dejan es mayor, hasta llegar a un punto en el que ese espacio vacío llama la atención del reponedor del supermercado (sistema visual), el cual va hasta el almacén a por más botellas para reponer.

Ejemplo: La fábrica de patinetes

La empresa Setenitap S.A. se dedica al montaje de patinetes de dos ruedas con manillar. La empresa tiene una fábrica con 4 cadenas distintas de producción, y cada una de estas cadenas fabrica un modelo de producto distinto: dos de ellas fabrican patinetes para niños (una de ellas el modelo premium y la otra el modelo estándar) y otras dos cadenas fabrican patinetes para adulto (de igual manera, una de ellas fabrica el modelo premium y la otra el modelo estándar). La planta trabaja durante 8 horas al día, 5 días a la semana.

Las cantidades que se producen cada día en la planta de montaje, para cada uno de los modelos, son las que se indican a continuación:

- Adulto Premium: 144 Uds.
- Adulto Estándar: 336 Uds.
- Niño Premium: 192 Uds.
- Niño estándar: 432 Uds.

La fabricación se realiza por pedidos de 24 unidades cada uno, por lo que cada línea de fabricación produce al día:

- Adulto Premium: 6 pedidos
- Adulto Estándar: 14 pedidos
- Niño Premium: 8 pedidos
- Niño estándar: 18 pedidos

Todos los patinetes que se fabrican en Setenitap S.A. se empaquetan (al final de la cadena de producción) junto con una bolsa de repuestos que contiene una rueda, un rodamiento y un separador. Estos accesorios se embolsan en un puesto de trabajo aparte que alimenta a las 4 cadenas. Las bolsas se colocan en cajas de 24 unidades a la espera de que el encargado del almacén las recoja y las reparta por las cadenas de producción.

Si nos fijamos en los números, el número de bolsitas que va en cada caja y el número de patinetes que se fabrican por pedido es el mismo (de este modo se utiliza una caja de bolsitas por cada pedido). El siguiente esquema resume el sistema anterior:

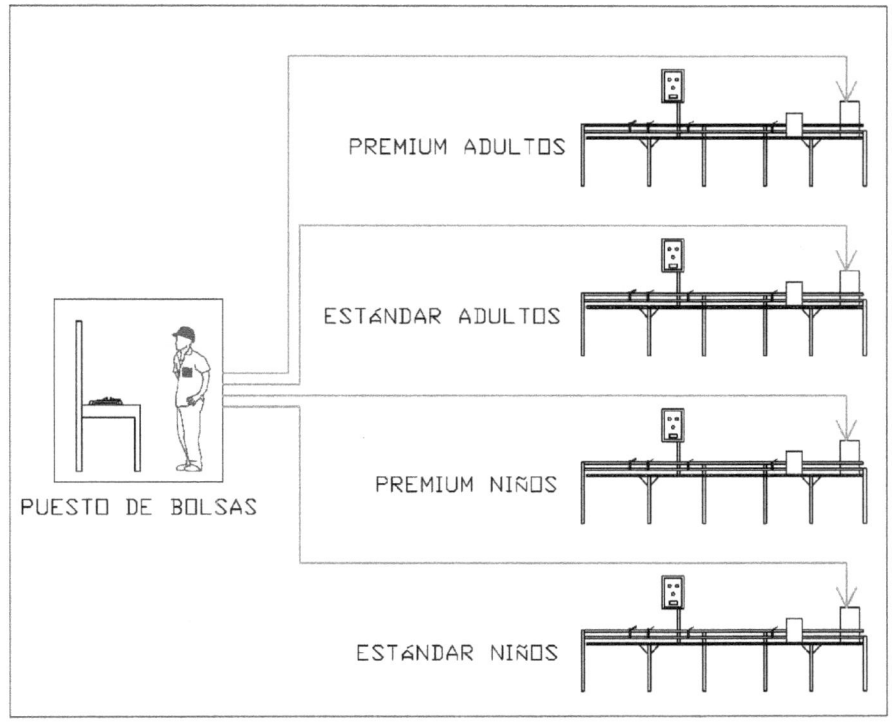

El encargado de fabricación y el del almacén se quieren poner de acuerdo para planificar el sistema de preparación de bolsas y de suministro a las cadenas de montaje. Acuerdan diseñar un sistema Kanban cuyo stock máximo sea igual a un día de trabajo:

- Adulto Premium: 6 cajas de 24 bolsitas.
- Adulto Estándar: 14 cajas de 24 bolsitas.
- Niño Premium: 8 cajas de 24 bolsitas.
- Niño estándar: 18 cajas de 24 bolsitas.

Cada cadena de fabricación tendrá asignada su propia estantería, y deciden utilizar un sistema en el que los colores indiquen al empleado la necesidad de fabricación:

Vamos a aplicar el ejemplo a la estantería asignada al modelo «Niño Premium». Esta referencia tiene un stock de cajas máximo de 8 unidades, lo que supone una cantidad de bolsitas igual a 192.

Los responsables de almacén y de fabricación han acordado que hasta alcanzar el 50% del stock, la estantería será verde. Desde el 50% del stock hasta el 25%, la estantería será amarilla. Y por último, desde el 25% del stock hasta el 0%, la estantería será roja.

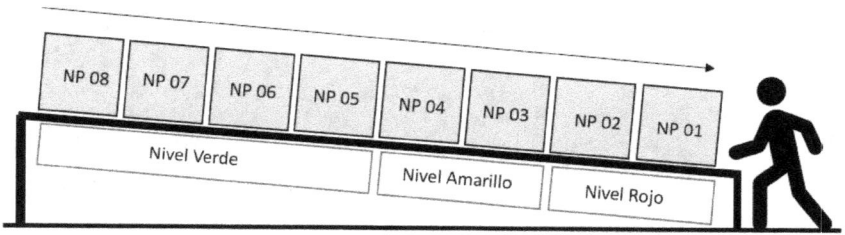

Al operario del puesto de bolsitas se le da la indicación de que comience a reponer cajas de bolsas cuando el nivel de stock llegue a la zona amarilla. Una vez alcanzado este punto, preparará cajas hasta alcanzar el stock máximo (8 cajas).

Si el stock alcanza en algún momento la zona roja, el empleado de almacén deberá avisar a su superior directo para que este se lo comunique al responsable del puesto de bolsas. Veámoslo con imágenes.

El empleado del almacén llega al «supermercado» una vez cada hora para recoger 1 caja (son 8 pedidos cada turno, es decir, un pedido cada hora) y llevarla a la cadena de fabricación «Niño Premium».

Comienza recogiendo la caja «NP 01», después la caja «NP 02»:

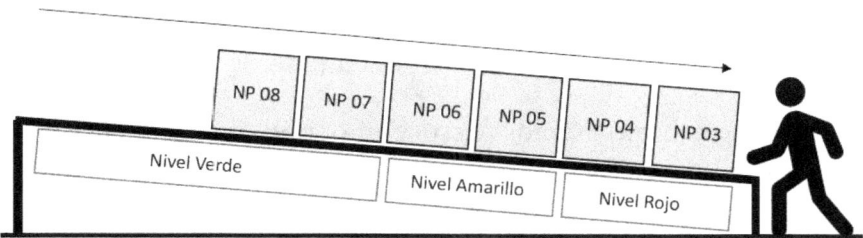

Tres horas después recoge otras 3 cajas, en este caso «NP 03», «NP 04» y «NP 05»:

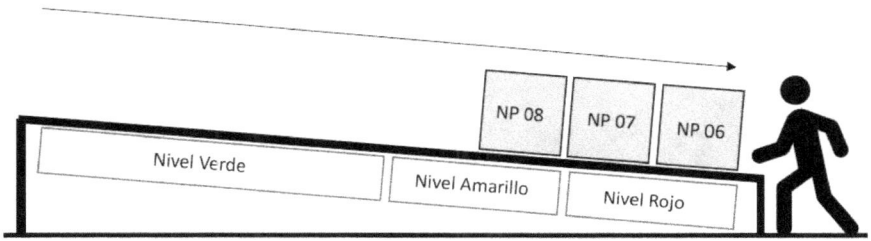

El operario del puesto de bolsas tendría que haber empezado a reponer cajas en el momento en que se alcanzó la zona amarilla, pero por algún motivo, hoy no ha ido a trabajar y no hay nadie sustituyéndole. El trabajador del almacén tiene que seguir suministrando bolsas a la cadena de fabricación, así que retira la caja «NP 06».

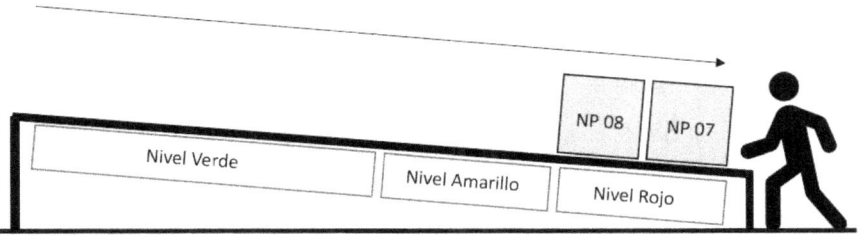

En este punto se alcanza la zona de stock roja y, siguiendo las instrucciones de su superior, da el aviso de que se ha alcanzado el stock mínimo. El encargado de fabricación deberá tomar medidas de manera urgente para que no se produzca una rotura de stock en la cadena de suministro.

Con este ejemplo hemos visto cómo podemos gestionar un determinado stock de manera visual, simple y clara. También hemos podido comprobar que este sistema requiere disciplina y atención: los colores indican el nivel de stock, pero estos sistemas rara vez se encuentran automatizados y está en nuestra mano reponerlos.

Flujo de Una Pieza

"Si tienes tres piezas de trabajo en curso, redúcelas a dos. Si tienes dos, redúcelas a una. Lo ideal es reducirlas a cero. El objetivo de la reducción es sacar los problemas a la luz. Si no encuentras los problemas, reduce tu obra en curso"

Taiichi Ohno

Qué es el Flujo de Una Pieza

El flujo de una pieza, también conocido por su nomenclatura en inglés «One Piece Flow», es un modelo productivo en el cual las piezas que se producen avanzan por las líneas de producción de una en una.

En la siguiente representación podemos ver un ejemplo. Los motores avanzan de puesto en puesto sin stocks intermedios.

En algunos casos puede ser imposible reducir el número de piezas a una unidad y será necesario seguir trabajando por lotes, pero es recomendable reducir el tamaño de estos lotes si queremos acercarnos lo máximo posible al flujo de una pieza.

Si bien la fabricación por lotes y los stocks intermedios tienen la ventaja de desacoplar los procesos (y así poder contar con un margen de seguridad), también tienen la desventaja de ocultar problemas y defectos que se descubrirán más tarde, una vez se haya finalizado el lote.

El flujo de una pieza, por su parte, nos ofrece la ventaja de ser transparente con los defectos, pudiéndolos detectar casi en tiempo real. También aumenta la productividad y nos obliga a mejorar la eficiencia de nuestros equipos: no existen los stocks intermedios por lo que, si una máquina falla y se detiene, el proceso entero se detendrá y no se producirá ninguna pieza. Por otra parte, se reducen los transportes intermedios ya que los procesos están acoplados: las salidas de un proceso son directamente las entradas del proceso siguiente.

A modo de resumen, vamos a recopilar las ventajas y desventajas que presenta este sistema productivo frente a la fabricación tradicional por lotes.

Ventajas:

- Defectos fácilmente detectables.
- Aumenta la productividad.
- Reduce desplazamientos y movimientos.
- Reduce el Lead Time.
- Optimiza el uso del espacio.

- Reduce los stocks.
- Producción más fácil de adaptar al cliente (igualando el tiempo de ciclo al takt time).

Desventajas:

- Requiere una gran inversión inicial.
- Solo es viable con niveles altos de eficiencia de las máquinas.
- Pueden producirse roturas de stock más fácilmente.

Líneas en U

"Las personas deben usar las máquinas, y no al revés"

Taiichi Ohno

Qué son las líneas en U

La línea en U es una forma de disposición de las cadenas de fabricación en la cual el inicio y el final de la línea se encuentran uno junto al otro.

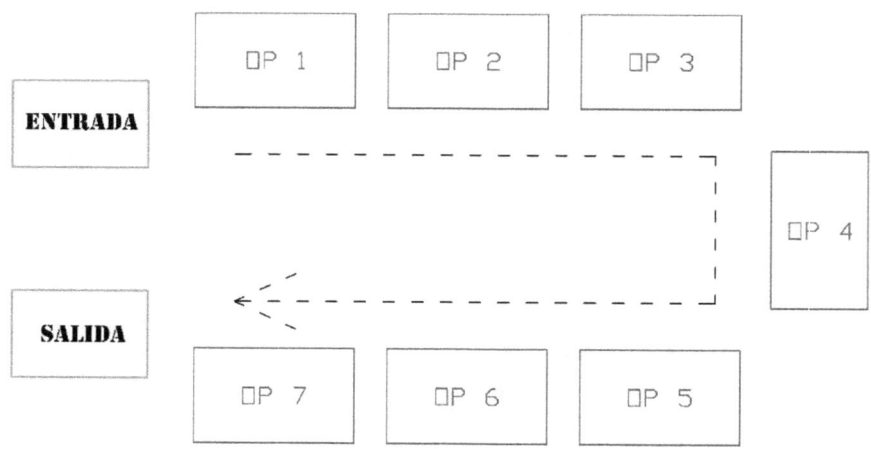

Este diseño de la línea de fabricación aporta gran flexibilidad a la producción ante variaciones de la demanda o de disponibilidad del personal, aunque también requiere trabajadores polivalentes capaces de trabajar en todos los puestos de la cadena.

Esta disposición de la cadena de fabricación es más recomendable para procesos poco automatizados en los que el trabajador cobra gran importancia.

La principal ventaja de este tipo de línea es la capacidad de los trabajadores de atender distintas estaciones de trabajo minimizando los desplazamientos: un trabajador puede atender tanto el primer puesto como el último sin necesidad de recorrer toda la cadena de producción andando.

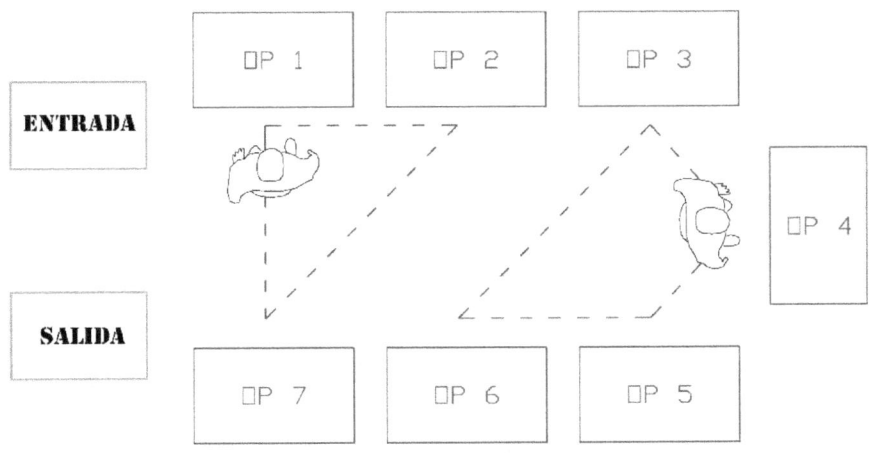

En el esquema anterior vemos cómo los operarios pueden realizar varias operaciones en la cadena de producción sin tener que realizar grandes desplazamientos. Esto permite agregar o quitar trabajadores de la cadena en función de las necesidades.

Si nos fijamos en el esquema anterior, podemos incluir otro trabajador para que el operario de la derecha no realice 4 operaciones, sino que realicen 2 cada uno.

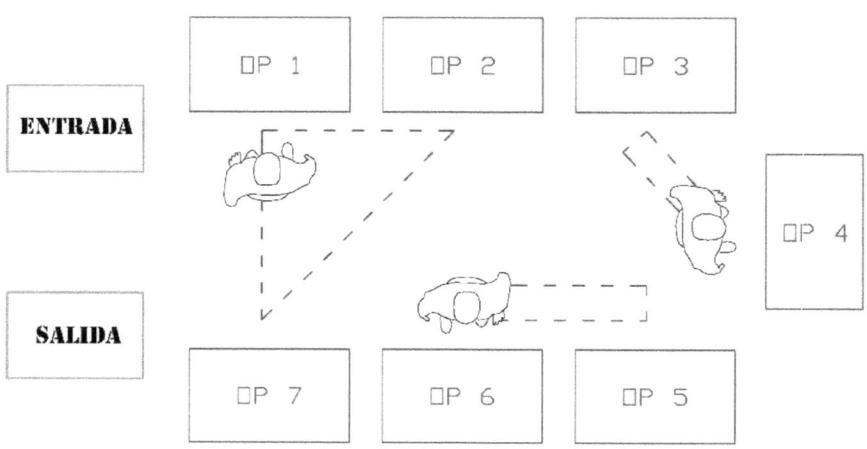

Este sistema de trabajo también puede resultar muy útil a la hora de formar nuevos trabajadores sin que aumenten el tiempo de ciclo de la línea por falta de destreza, ya que se puede asignar menos estaciones de trabajo a los trabajadores novatos mientras los trabajadores veteranos cubren más operaciones.

La Persecución de Conejos

"Un mal sistema vencerá a una buena persona en todo momento"

W. Edwards Deming

Qué es la «Persecución de conejos»

La «Persecución de Conejos» es una manera de organizar a los trabajadores en una cadena de producción. En lugar de que cada trabajador ocupe una estación de trabajo o un número limitado de ellas, cada trabajador recorre toda la cadena de producción realizando todas las operaciones una tras otra, hasta que llega de nuevo al principio de la línea y comienza el ciclo de nuevo.

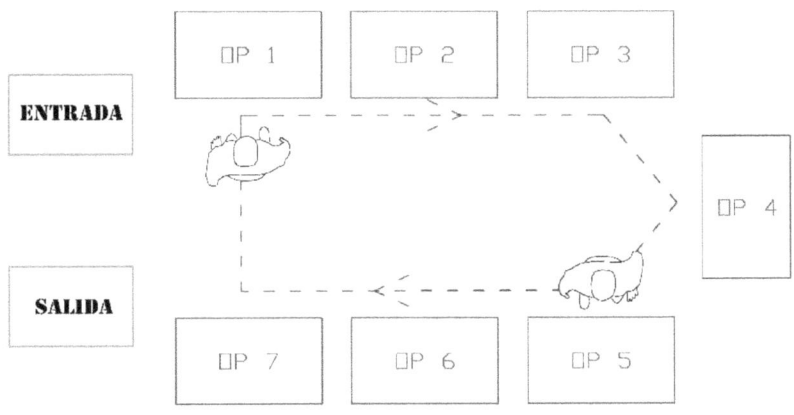

Este modo de trabajo permite que todos los trabajadores tengan la misma carga de trabajo, independientemente del número de ocupantes que tenga la cadena de fabricación.

Aunque este método está preparado principalmente para líneas en forma de U (ya que esta disposición minimiza al máximo los desplazamientos de personas) en este libro lo vamos a aplicar a cualquier tipología de cadena de producción.

Ejemplo: Debilidad del modelo estático frente a faltas de personal o variaciones de la demanda

Vamos a comprobar cómo se comporta una cadena de fabricación ante un problema de falta de personal o ante la necesidad de reducir la producción en una cadena.

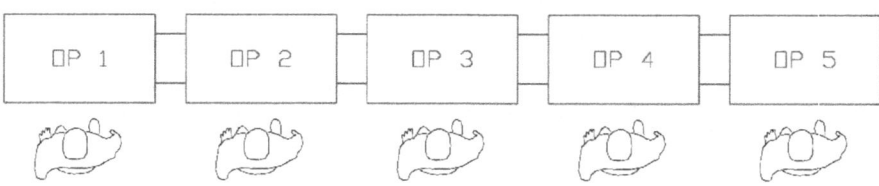

Imaginemos una cadena de producción que cuenta con 5 estaciones de trabajo. Supongamos que cada estación de trabajo tiene un tiempo de ciclo de 30 segundos y que el tiempo de desplazamiento entre dos puestos adyacentes es de 2 segundos. El tiempo de fabricación será 5 veces el tiempo de ciclo (150 segundos).

En el modelo estático de trabajo (en el que los operadores permanecen en el mismo puesto siempre), esta cadena de fabricación genera un producto cada 30 segundos pero ¿qué sucede si uno de los trabajadores tiene que abandonar su puesto de trabajo y resulta imposible sustituirle? Sucederá que otro de los trabajadores deberá cubrir dos puestos de trabajo, y el tiempo de ciclo de la línea aumentará automáticamente a 60 segundos, es decir, el doble de tiempo.

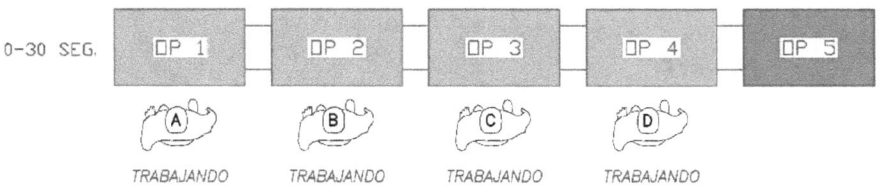

Podemos verlo en la imagen anterior. Durante los primeros 30 segundos los 4 trabajadores están ocupados. El 5º puesto de la línea está vacío. Una vez se finalizan las operaciones en los puestos 1, 2, 3 y 4, el operario «D» se moverá hasta el 5º puesto para realizar la quinta operación, mientras los otros 3 trabajadores permanecerán inactivos durante 30 segundos.

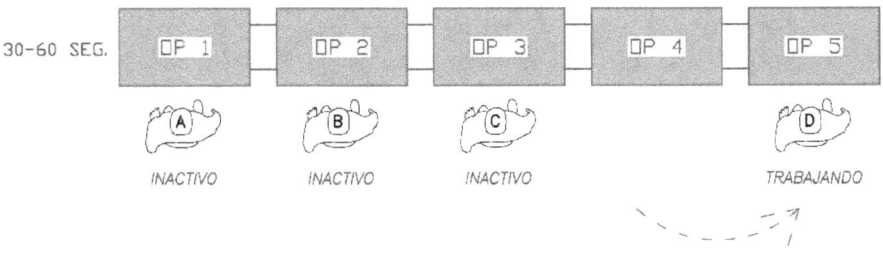

El tiempo de fabricación de cada pieza será de 300 segundos (60 segundos multiplicado por 5 puestos).

En este caso no habría ninguna diferencia de tiempo si la cadena trabajara con 4 operarios o con 3: el tiempo de ciclo y el tiempo de fabricación serían el mismo. Es más, en caso de que la línea de 5 operarios deba prescindir de uno, lo lógico sería prescindir de otro adicional (hasta quedarse con 3) ya que los costes de mano de obra serían menores, y el ritmo de fabricación sería exactamente el mismo.

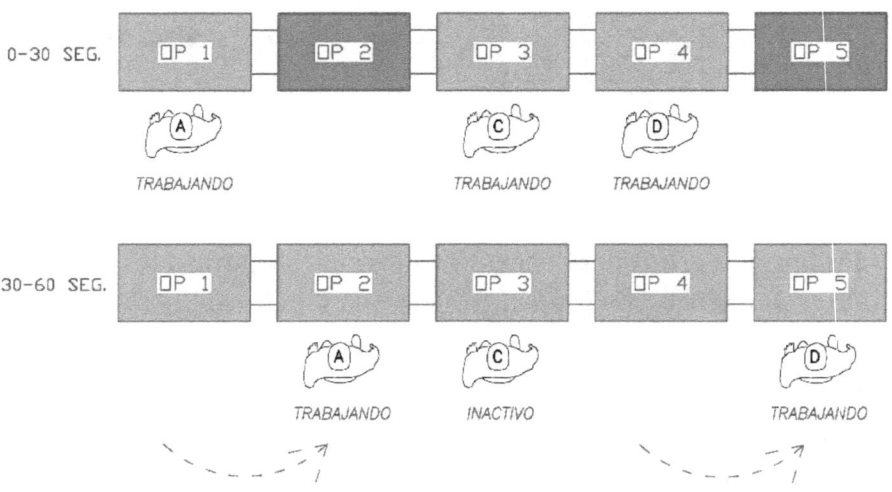

En la imagen anterior, los operarios A y D trabajan los 60 segundos (lo que dura la fabricación de dos piezas), mientras que el operario C solo trabaja el 50% del tiempo (30 segundos).

Resumiendo, a lo largo de un turno de trabajo de 8 horas sin paradas la cadena de producción habrá fabricado **480** piezas (una pieza cada 60 segundos) y habrá tenido que pagar a 3 operarios.

Ejemplo: Flexibilidad de la Persecución de Conejos

Ahora pensemos en la misma línea de fabricación operada por tres trabajadores, pero en este caso no permanecen estáticos, sino que siguen el método de la «Persecución de Conejos».

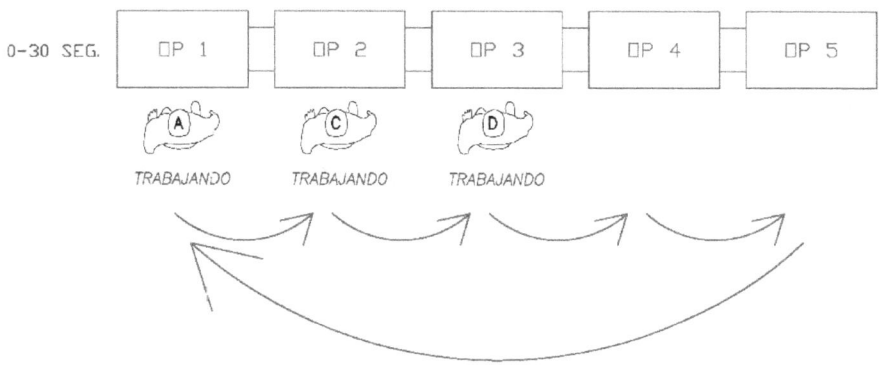

Cada trabajador realizará una operación sobre su pieza en una estación de trabajo y la acompañará a lo largo de la cadena de fabricación hasta llegar al puesto 5. Los empleados se moverán a la vez por la cadena de fabricación ya que el tiempo de ciclo de cada estación de trabajo es el mismo. Una vez finalizada la pieza, volverá hasta el primer puesto y comenzará el proceso de fabricación de otra pieza. El tiempo total de fabricación de cada pieza será 30 segundos multiplicado por 5 puestos (150 segundos) más los tiempos de desplazamiento de los operarios.

Recordemos que el tiempo de desplazamiento entre dos puestos adyacentes es 2 segundos. Los operarios tendrán que desplazarse 4 veces entre los puestos 1-5 y otras 4 veces entre el puesto 5 y el 1. En total: 16 segundos. Si sumamos este tiempo al tiempo de fabricación total obtenemos 166 segundos. El tiempo de ciclo medio será de media 33.2 segundos, por lo que al cabo de un turno de 8 horas se habrán fabricado 867 piezas (prácticamente el doble que en el ejemplo anterior empleando el mismo número de trabajadores).

Conclusión

El sistema «Persecución de Conejos» permite adaptar rápidamente una cadena de producción a variaciones de la demanda o a cambios en la disponibilidad o distribución del personal, mientras que otros sistemas de producción incurren en pérdidas de tiempo debido a que la saturación de los operarios no es del 100%.

Por el contrario, este sistema requiere trabajadores que conozcan perfectamente todas las operaciones que se realizan en cada una de las estaciones de trabajo. Además, este método requiere versatilidad y capacidad de adaptación a una nueva estación de trabajo cada poco tiempo.

Mantenimiento Productivo Total

"Mejora las cosas poco a poco. Asegúrate de que el proceso que ha causado problemas por la mañana no los cause por la tarde"

Taiichi Ohno

Qué es el Mantenimiento Productivo Total

Más conocido como Total Productive Maintenance (de ahora en adelante, TPM), el Mantenimiento Productivo Total es un modelo de trabajo cuyo fin último es aumentar la disponibilidad de las máquinas para que el sistema de fabricación sea más eficiente en general. Aunque el TPM es considerado una «herramienta» dentro del ámbito de la gestión industrial, en este libro la voy a incluir en la parte de «Fundamentos» ya que la considero un sistema de trabajo por sí mismo.

Este modelo de trabajo pretende conseguir que las máquinas y los equipos sean más flexibles evitando las pérdidas de tiempo relacionadas con paradas no planificadas y con rendimientos bajos.

¿Qué ventajas aporta el TPM? En primer lugar, mediante la introducción del Mantenimiento Productivo Total en nuestras instalaciones conseguiremos una reducción de los costes y las inversiones asociadas a la maquinaria (compra de repuestos, mano de obra, costes administrativos) ya que el número de averías graves se reducirá drásticamente. Por otro lado, al tener las máquinas y los equipos en funcionamiento durante más tiempo y trabajando al rendimiento planificado se reducirán los tiempos de espera, tiempos de ciclo y tiempos de entrega al cliente. Es decir, se reducirá el tiempo que pasan nuestros productos dentro de la fábrica y, con ello, su coste asociado. A continuación, vamos a ver las principales fuentes de pérdidas asociadas a la maquinaria, las cuales podrán reducirse mediante la implementación del Mantenimiento Productivo Total:

- <u>Pérdida de Disponibilidad</u>

En este tipo de pérdidas están incluidas todas aquellas situaciones en las que la máquina no puede trabajar. Por una parte, encontramos los paros por averías y los paros por mantenimientos planificados. Por otro lado, tenemos el tiempo asociado a los cambios de modelo, tiempo empleado en la reposición de consumibles de la máquina, calibraciones, tiempo que tarda la máquina en arrancar...

- <u>Pérdidas de Rendimiento</u>

En este caso, las pérdidas de rendimiento vienen asociadas a una reducción de la velocidad nominal de trabajo de la máquina, así como a las micro paradas provocadas por pequeños fallos y operaciones no productivas.

- <u>Pérdidas de Calidad</u>

Por último, encontramos las pérdidas relacionadas con la calidad de los productos fabricados. Aquí se incluye el porcentaje de componentes que han salido defectuosos.

¿De qué manera podemos controlar el desempeño de nuestras máquinas antes y después de trabajar con este método? Uno de los indicadores más utilizados y potentes es la OEE (Overall Equipment Effectiveness) o lo que es lo mismo: Eficiencia Global de los Equipos. Lo veremos más a fondo en la «Parte III Indicadores» junto con un ejemplo así que, por ahora, nos basta con saber que se obtiene mediante la multiplicación de los tres parámetros mencionados anteriormente: Disponibilidad, Rendimiento y Calidad.

Para una correcta implementación de la metodología TPM es necesaria la implicación de 4 partes:

- La **Dirección** de la planta, ya que serán los encargados de promover, dirigir y dar respaldo a las acciones que se vayan a llevar a cabo.
- Departamento de **Producción**, como usuarios y primeros responsables de las máquinas y los equipos.
- Departamento de **Ingeniería**, como encargados de la estandarización y las mejoras en los equipos.
- Departamento de **Mantenimiento**, en calidad de formadores y encargados del mantenimiento de la maquinaria por detrás de Producción.

Aquí encontramos el primer cambio de este sistema respecto a la forma tradicional de gestionar plantas: los primeros encargados del mantenimiento de las máquinas serán sus propios operarios, ya que son los que mejor conocen sus características y su funcionamiento.

¿Significa esto que el departamento de Mantenimiento dejará de trabajar en las máquinas? Claro que no. Las máquinas requerirán mantenimientos preventivos y correctivos, pero no serán tan frecuentes como lo eran antes de implementar el TPM.

A continuación, veremos los 5 fundamentos sobre los que se asienta el TPM.

- **Aplicación de las 5S**

Las 5S es el nombre que recibe una metodología de trabajo que busca aumentar la limpieza, la comodidad y la eficiencia de los espacios de trabajo. Surgió en Japón y en su versión original sigue 5 pasos que empiezan por la letra la «S». Estas cinco etapas son: Separar, Ordenar, Limpiar, Estandarizar y Mantener. Los estudiaremos con más detalle en la «Parte II Herramientas»

- **Determinar y eliminar las causas de los problemas**

Es necesario descubrir cuáles son las verdaderas causas que dan lugar a fallos en nuestros equipos. Una forma de hacer esto es la creación de registros en los que se puedan anotar los tipos de problemas que se dan en una máquina. Una buena técnica para apoyar el registro de datos y llegar a las causas de los problemas es el empleo de técnicas como el «Diagrama de Ishikawa» o los «5 Porqués», que veremos más adelante en la Parte II Herramientas.

- **Mantenimiento Autónomo**

Como ya he comentado antes, el primer encargado del mantenimiento y buen funcionamiento de las máquinas es el empleado que trabaja con ellas. Pero si hay un departamento de Mantenimiento, ¿por qué va a tener que ser el operario quien realice sus tareas? En primer lugar, porque es quien mejor conoce la máquina. En segundo lugar, por el ahorro de tiempo y dinero que supone el no tener que emplear a personal de mantenimiento.

Si conduces tu coche todos los días sabrás cómo es su funcionamiento normal, la capacidad de aceleración que tiene, la fuerza de frenado, los ruidos que hace... Si un día empiezas a oír un ruido extraño mientras conduces, rápidamente sabrás que hay algo que no va bien en el coche. En un primer momento puede que sea un problema pequeño sin importancia, pero si no se actúa para corregirlo podrá dar lugar a problemas mayores. Cabe esperar que en un primer momento seas tú quien intente descubrir cuál es el problema que tiene el coche y solucionarlo para así evitar el coste monetario de llevarlo a un taller y el coste de tiempo que no vas a poder contar con él mientras lo reparan. En caso de que no puedas arreglar por ti mismo el coche, no quedará más remedio que llevarlo al taller.

- **Mantenimiento Preventivo**

En este caso, es el departamento de Mantenimiento quien realiza una revisión periódica de los parámetros y del estado en que se encuentran las máquinas (niveles de aceite, presión, temperatura).

También puede que sea necesario realizar algún ajuste o pequeña reparación puntual para mantener la máquina en un estado óptimo (cambiar un filtro de aceite, engrasar los rodamientos).

- **Estandarización y disciplina**

Todo lo que he comentado anteriormente es muy fácil de decir: sobre el papel, todo vale. Lo difícil es conseguir que todo el trabajo y las medidas ideadas se lleven a cabo con regularidad y disciplina.

Para conseguir que el Mantenimiento Productivo Total sea implantado con éxito (así como la mayoría de las metodologías de las que se está hablando en este libro) es imprescindible crear una cultura de participación y compromiso de todo el personal, involucrándoles en la aportación de ideas y en la creación de estándares de trabajo desde el primer momento.

Kaizen

"El Kaizen es como un semillero que experimenta pequeños y continuos cambios, mientras que la innovación es como el magma que aparece en bruscas erupciones de vez en cuando."

Taiichi Ohno

Hasta ahora hemos visto distintos conceptos y técnicas relacionados con la gestión de los recursos y las personas en las empresas, pero todavía no hemos mencionado la que, en mi opinión, debería ser la filosofía en la que basar nuestros sistemas de producción basados en Lean Manufacturing.

Qué es Kaizen

Kaizen es una palabra japonesa que hace referencia a una filosofía y una forma de trabajar basadas en la mejora continua de los procesos. Proviene de los términos *kai* (cambio) y *zen* (para algo mejor).

El pensamiento Kaizen debe involucrar a toda la organización, y radica en adoptar una forma de trabajar basada en buscar día a día desperdicios y fallos en nuestro sistema de producción para después eliminarlos o reducirlos en la medida de lo posible.

El proceso de mejora continua

Si bien Kaizen se refiere a una cultura empresarial, dentro de estos entornos encontramos los procesos de mejora continua, que podríamos definirlos como "la parte práctica" de la filosofía Kaizen.

Estos procesos de mejora continua sirven de guía para afrontar las ideas de mejora en el día a día de una fábrica, y utilizan una serie de herramientas y técnicas para conseguirlo. La base sobre la que se asientan los procesos de mejora es el ciclo PDCA, también conocido como ciclo Deming.

El ciclo PDCA es una rueda que nunca para de girar. Consta de 4 fases: *Plan* (planificar), *Do* (hacer), *Check* (comprobar) y *Act* (actuar, corregir). Estas 4 fases deben seguirse en el orden indicado y, una vez que lleguemos a la cuarta fase, comenzaremos de nuevo por la primera.

A continuación, se explican los pasos que debemos seguir para afrontar un proceso de mejora continua:

- **Selección del punto a mejorar**

El primer paso que debemos dar si queremos comenzar un proyecto de mejora es la selección del área donde se va a realizar el proyecto y el objetivo que queremos conseguir: mejorar la productividad, reducir el número de defectos de calidad, aumentar el nivel de seguridad, etc.

Una buena forma de obtener ideas de mejora es la utilización de los sistemas de sugerencias, que veremos más en profundidad en el siguiente capítulo.

- **Creación de un equipo de trabajo**

El segundo paso será la creación de un equipo de trabajo, que será distinto (generalmente) para cada proyecto de mejora.

Este equipo contará con un líder o encargado de la realización del proyecto (que será la persona encargada de la mejora continua en la fábrica) que será el responsable de guiar a los demás miembros del equipo y de gestionar la documentación necesaria.

Además, este equipo de trabajo deberá estar formado por trabajadores de los distintos departamentos afectados por el proyecto (Producción, Logística, Calidad...) y por empleados de los departamentos encargados de realizar las modificaciones o las correspondientes aprobaciones (Ingeniería, Servicios Generales, Seguridad y Salud, Mantenimiento).

- **Obtención de datos preliminares**

La obtención de datos permite al equipo de trabajo determinar las causas principales de los problemas. Para ello se utilizan herramientas como el Diagrama de Pareto, los 5 Porqués, Diagramas Causa-Efecto, gráficas de control y hojas de chequeo, histogramas, etc.

Durante esta etapa es aconsejable acudir al área donde se está produciendo un problema o donde se quiere implementar una medida de mejora, y realizar un seguimiento in situ junto con los operadores de la instalación, que son quienes mejor conocen las instalaciones, las máquinas y su funcionamiento.

- **Implementación de medidas**

Una vez se hayan recogido los datos necesarios habrá que tomar medidas de corrección o de mejora. Centraremos nuestros esfuerzos en los puntos críticos del proceso, estableciendo objetivos claros, acciones para conseguirlos, fechas límite y responsables de la ejecución de estas medidas.

- **Seguimiento de resultados**

El equipo de trabajo realizará un seguimiento periódico de los resultados que se están obteniendo una vez se hayan implementado las medidas.

- **Correcciones / Estandarización**

Cuando haya pasado el tiempo suficiente y los resultados se hayan estabilizado podremos comprobar si las medidas han sido efectivas o si, por el contrario, es necesario repetir alguna etapa del proceso.

En caso de que los resultados obtenidos sean óptimos, habrá que realizar las modificaciones necesarias en los procedimientos de trabajo.

Aportación de ideas

"Debes aportar sabiduría a la empresa. Si no tienes sabiduría, aporta sudor. Si no tienes nada más, trabaja duro y no duermas. O dimite"

Taiichi Ohno

La octava muda

Al hablar de los siete desperdicios que pueden encontrarse en las organizaciones, muchos autores incluyen uno adicional: el talento desaprovechado.

Tradicionalmente en las empresas, las ideas han sido aportadas por los cargos superiores mientras que a los escalones inferiores no se les ha permitido aportar ideas o no se les ha tenido en cuenta. Esta ha sido una práctica muy habitual en las organizaciones, provocada en parte por la estructuración vertical de las empresas.

Por supuesto esto es un error que las organizaciones no se pueden permitir si quieren progresar a largo plazo: la mayoría de las ideas y las sugerencias que tienen que ver con los procesos que se realizan en la fábrica vienen de los trabajadores de planta, y se debe promover una cultura de participación y aportación de ideas por parte de todos.

El sistema de gestión de ideas

Los sistemas sugerencias constituyen un medio con el que hacer fluir el potencial dentro de la empresa. Pretenden animar a todos los empleados a aportar ideas para aprovechar la capacidad de mejora y a la vez motivar al personal cuando algunas de esas ideas se lleven a cabo por parte de la empresa, pudiendo mejorar de esta forma aspectos como la calidad, la productividad o la seguridad.

Estos sistemas de generación de ideas requieren una importante labor de análisis por parte de los directivos de la organización. Si queremos implantar un sistema de aportación de ideas en nuestra organización es importante tener en cuenta y desarrollar una serie de puntos.

- **Conocido por todos, accesible y fácil de utilizar**

Bien sea en formato físico o en formato digital, el sistema de ideas y sugerencias que desarrollemos en nuestra planta debe ser conocido por todos los integrantes de la organización. Es necesario, por tanto, una labor de «propaganda» y formación en este aspecto que permita a todos los integrantes conocer la existencia y el funcionamiento del sistema de ideas.

En segundo lugar, debe ser fácilmente accesible: si es un sistema tipo buzón, será necesario colocar los buzones distribuidos por toda la planta y las oficinas de manera que no sean necesarios grandes desplazamientos de los trabajadores para acceder a ellos.

Por último, debe ser fácil de utilizar e invitar a los empleados a utilizarlo. Cualquier tipo de sistema que requiera un trabajo excesivo para su utilización acabará generando rechazo entre la plantilla y reducirá su potencial.

- **Designación de responsables**

Este sistema debe contar con una persona o grupo de ellas que se encargue de la gestión y de la resolución de conflictos que puedan surgir. En las empresas pequeñas será más común encontrar un solo coordinador, pero siempre que sea posible es recomendable formar un comité multidisciplinar que se encargue de la gestión del sistema de ideas y sugerencias.

Además, es muy recomendable asignar un tiempo diario o semanal al «comité de ideas» para trabajar en todos los aspectos relacionados con el sistema de aportación de sugerencias.

- **Compromiso de la dirección**

No sirve de nada un sistema de generación de ideas perfectamente engrasado si, una vez se han seleccionado las aportaciones que van a llevarse a cabo, no existe un apoyo claro por parte de la dirección.

Si las medidas elegidas por el comité de sugerencias no son respaldadas por los mandos responsables de llevarlas a cabo, el sistema entero perderá veracidad y los empleados dejarán de presentar propuestas porque no confían en que vayan a llevarse a cabo.

- **Qué se entiende por «idea»**

Debemos evitar que el buzón o la plataforma de sugerencias se convierta en un lugar donde los empleados vuelquen sus quejas sobre el funcionamiento de la empresa, y enfocarlo de tal manera que promueva la creatividad y la participación.

Podríamos dar una definición del tipo: *"Propuestas o cambios novedosos que tengan como objetivo mejorar las condiciones actuales en materia de Seguridad, Calidad o Productividad"*.

Algunos de los posibles temas sobre los que el comité de sugerencias podría hacer énfasis serían:

Seguridad

- Levantamiento de cargas
- Ergonomía, movimientos
- Espacios de trabajo
- Sistemas de protección colectiva
- Equipos de protección individual

Calidad

- Reducción de chatarras
- Reducción de reprocesos
- Reducción de la variabilidad

Productividad

- Reducción de desplazamientos
- Mejora de herramientas y útiles de trabajo
- Mejora del lay-out
- Eliminación de tiempos de espera

- **Formato de la hoja de sugerencias**

Como ya he comentado anteriormente, en caso de que se utilice un formato físico para aportar sugerencias, este debe ser claro y sencillo de rellenar.

Contendrá los datos básicos para que se reconozca la autoría de la idea, una breve descripción de la idea, y un espacio para que su supervisor o el comité de sugerencias puedan incluir alguna anotación.

- Nombre
- Departamento / Sección
- Puesto
- Descripción de la idea
- Notas del supervisor
- Notas del comité

Sugerencia Nº 4	HOJA DE SUGERENCIAS		Tucsa S.A.
Nombre:	Departamento / Sección:	Puesto:	
Descripción de la idea:			
Notas del supervisor:	Notas del comité:		

- **Sistema de compensación por sugerencia**

Una de las maneras que suelen emplearse en el reconocimiento de ideas que los empleados han presentado es la remuneración económica o los regalos.

En el caso de que la idea suponga un ahorro de costes o un aumento de la productividad, por ejemplo, se podrá cuantificar monetariamente. *Ejemplo: se premiará al empleado con un 5% del ahorro que suponga la idea aportada.*

En caso de que la idea no tenga relación con ningún aspecto económico y se trate de una cuestión de seguridad o ergonomía en el lugar de trabajo habrá que buscar alternativas para compensar a los trabajadores: regalos, reconocimiento público, dinero, etc.

PARTE II
HERRAMIENTAS

Las 5S

Qué son las 5S

El método de las 5S es posiblemente uno de los recursos más conocidos y utilizados en los sistemas de mejora continua. Desde mi punto de vista, esta herramienta es la base sobre la que se deben construir tanto los sistemas basados en Lean Manufacturing como cualquier otro sistema de gestión industrial. El principal objetivo de esta herramienta es organizar los espacios de trabajo, de forma que se mantengan limpios, ordenados y seguros de manera permanente.

Pero ¿para qué perder tiempo en organizar y limpiar los espacios de trabajo? La respuesta es sencilla: para mejorar la productividad. Los creadores de este método se dieron cuenta de que mejorando las condiciones de los espacios de trabajo se reducirían los desplazamientos en busca de herramientas de trabajo y se perdería menos en tiempo en buscar los materiales. Además, se reducirían los fallos de calidad debidos a la suciedad y se mejoraría considerablemente el rendimiento de las máquinas.

Esta herramienta es originaria de Japón (ideada por Toyota, ¿cómo no?) y consta de 5 pasos denominados por su nombre en japonés: *seiri, seiton, seiso, seiketsu y shitsuke*. Cada uno de estos pasos persigue un objetivo muy claro dentro del método de las 5S, y si queremos tener éxito en la implantación de este sistema se deberán llevar a la práctica en un orden determinado.

Desde mi punto de vista, lo más difícil de esta herramienta no es pensar cómo llevarla a la práctica, sino conseguir que el personal siga llevando a cabo las tareas asignadas con el paso del tiempo. Si nos movemos por el interior de una fábrica en la que ya estén implementadas las 5S no será difícil ver los espacios de trabajo llenos de tornillos, virutas, trozos de cartón, papeles, etc. ¿Por qué? Porque no existe una cultura (como en Japón) de orden, limpieza e iniciativa por mantener los espacios comunes en buenas condiciones.

Por este motivo es importantísimo formar y concienciar a los empleados desde el primer minuto de que este sistema es eficaz y necesario si queremos que la organización siga el camino de la mejora continua.

Vamos a empezar a ver cada uno de los 5 pasos que se deben llevar a cabo para implantar este sistema en nuestras empresas.

- **Separar (Seiri)**

La primera de las cinco fases consiste en retirar de los puestos de trabajo todo aquello que sea innecesario. Y te preguntarás, ¿qué es innecesario? Aquí viene la parte difícil: decidir qué es necesario y qué no lo es. Si has hecho una limpieza en los armarios de tu casa sabrás lo difícil que es deshacerte de muchas de las cosas que guardas.

Un buen sistema para separar lo innecesario son las tarjetas rojas. Todos aquellos componentes, utillajes o herramientas que sepamos que son innecesarias o de los cuales tengamos dudas se etiquetarán con una tarjeta roja, y posteriormente se retirarán de la zona o se decidirá si realmente son innecesarios o no.

En ocasiones algunos de los componentes o herramientas sí serán necesarios, pero no en las cantidades con las que contamos actualmente. En este caso podríamos dejar una parte, pero reducir su número hasta valores realmente necesarios.

A continuación debemos pensar en los elementos que hayamos considerado necesarios. Voy a proponerte un sistema para separar todo aquello que sí es necesario según la frecuencia de uso:

- Los útiles que se utilicen **a diario** permanecerán en el puesto de trabajo, a la vista de todos y en un lugar fácilmente accesible. Si hacemos el símil con nuestra cocina de casa, los cuchillos, cucharas, tenedores, platos, vasos... estarían en este grupo, ya que se utilizan todos los días.
- Las herramientas que se utilicen con una **frecuencia semanal o mensual** se guardarán cerca del puesto de trabajo, pero en un lugar donde no molesten para realizar las tareas diarias. Un buen lugar para almacenarlos son los armarios. En nuestra cocina de casa podríamos incluir en este grupo la manga pastelera, los moldes para hacer magdalenas... son utensilios que se utilizan de vez en cuando, pero no a diario (por lo menos en mi caso).
- Por último tendríamos las herramientas que se utilizan con **frecuencia anual**. Este tipo de objetos no se deben

guardar cerca de los puestos de trabajo, sino en un almacén o espacio por el estilo. Siguiendo con el ejemplo de nuestra cocina, tendríamos el ejemplo del soporte jamonero que utilizamos solo en Navidad (por desgracia), y que guardamos en el trastero el resto del año.

Algunos ejemplos de componentes que pueden retirarse de las zonas de trabajo son:

- Carteles y pósteres informativos obsoletos.
- Herramientas o consumibles desgastados.
- Cajas y gavetas vacías que no se utilizan.
- Productos de limpieza.
- Cables y aparamenta eléctrica.
- Tornillería.
- Trapos, aceite lubricante.

Debemos tener en cuenta que gran parte de estos elementos innecesarios no solo se encuentran en lugares visibles, sino que también es fácil encontrarlos detrás de pilares, en vehículos (carretillas, transpaletas), encima de armarios, etc.

- **Organizar (Seiton)**

Una vez tengamos claro qué es necesario y qué no, procederemos a ordenar nuestros espacios de trabajo. En esta fase decidiremos el modo en que deben ubicarse e identificarse aquellos elementos que hayamos considerado en la fase anterior. Podríamos resumir esta segunda etapa de las 5S con la siguiente frase: «un sitio para cada cosa, y cada cosa en su sitio». La organización de las zonas de trabajo nos ayudará a evitar despilfarros (búsquedas, movimientos innecesarios, energía, ergonomía, seguridad).

Para implantar la segunda de las «S» en nuestra organización debemos llevar a cabo dos pasos: el primero será buscar una ubicación para cada elemento, y el segundo será identificar cada ubicación.

1- <u>Decidir la ubicación adecuada</u>

Cuando busquemos una localización para nuestros componentes lo debemos hacer en base a una serie de premisas, y es recomendable organizar todos los puestos y zonas de trabajo en base a los mismos criterios (estandarizar). Los cimientos sobre los que ordenaremos nuestros puestos de trabajo son los siguientes:

- En primer lugar se deben evitar los movimientos innecesarios. Buscaremos localizaciones basándonos en el principio de mínimo movimiento, teniendo en cuenta también la frecuencia de uso: lo que más se usa, más cerca.
- En segundo lugar debemos buscar espacios de trabajo flexibles. Es común que en los puestos de trabajo o en las cadenas de producción se fabriquen varias referencias o modelos distintos. Las ubicaciones de las herramientas, utillajes y demás componentes deben poder adaptarse rápidamente al nuevo formato de producción.
- Tercero: hay que tener en cuenta la opinión de todos los usuarios del puesto. Es habitual que en las plantas de fabricación y en los puestos de trabajo haya distintos turnos que operen allí. El diseño de los puestos de

trabajo debe realizarse consultando al mayor número de empleados posible, no solo al turno que trabaja de mañana durante la semana en la que nos dedicamos a la planificación.

- First In, First Out (FIFO). Esta es la abreviatura en inglés que hace referencia a la metodología de trabajo «lo primero que entra es lo primero que sale», empleada generalmente en estanterías y almacenes. Es recomendable que las cadenas de producción se alimenten de componentes por la parte trasera (donde no molestan al operario) a través de estanterías inclinadas hacia el puesto de trabajo mediante rodillos. De esta manera, las cajas avanzan hacia el operario por gravedad a medida que este las va consumiendo. La descarga de cajas vacías se realiza de igual manera, pero en este caso las estanterías están inclinadas hacia la parte trasera, de tal manera que el operario solo tiene que posarlas en los rodillos y el desplazamiento se produce por gravedad.

2- Identificar las ubicaciones

Tan importante como buscar una buena ubicación para los componentes es identificarla. ¿De qué sirve ubicar el destornillador en el mejor sitio del mundo si nadie sabe que se debe colocar ahí o no encuentra su ubicación? Existen distintos métodos para identificar la ubicación de los elementos de nuestra fábrica, y debemos elegir uno u otro en función del tipo de elemento y del uso que se le vaya a dar. Aquí van algunos ejemplos que nos van a ayudar a gestionar de manera visual las ubicaciones de los distintos elementos:

- Pintura

Es muy habitual dibujar recuadros de distintos colores en el suelo para delimitar las zonas de colocación de nuestros elementos. Podemos incluso emplear un código de colores: el color rojo para cubos de chatarra, el color verde para papeleras y cubos de segregación de residuos, el color azul para elementos de limpieza (cubo con fregona, aspirador), etc. Además de pintar un recuadro es recomendable indicar con letras qué componente debe ir ubicado ahí. A continuación, te dejo un ejemplo de distribución de componentes en una cadena de montaje.

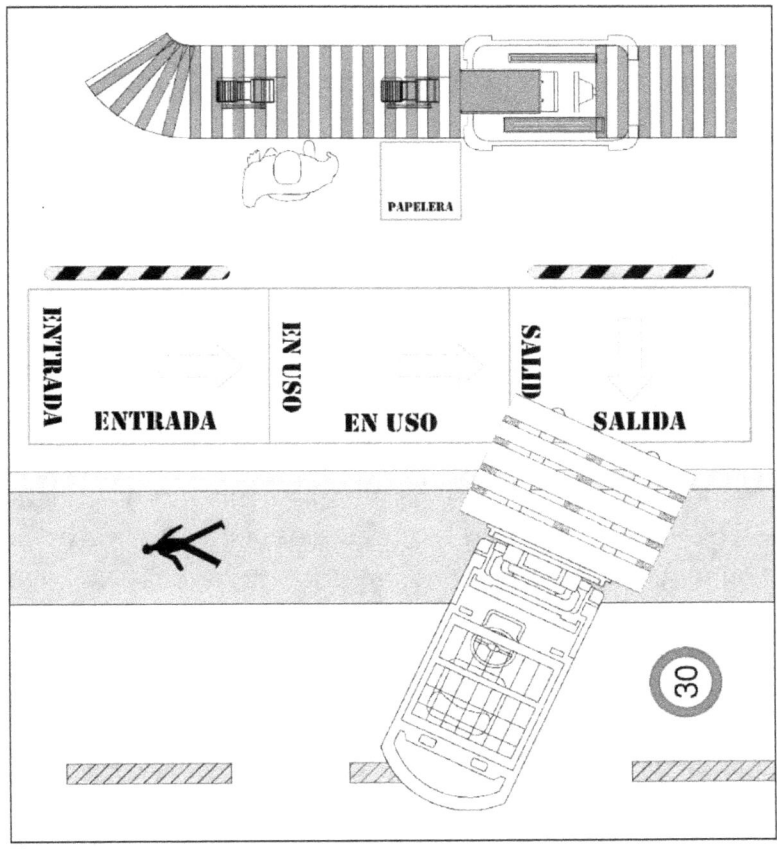

En este esquema vemos representado un puesto de trabajo ocupado por una persona. Esta persona coge componentes de un pallet que tiene en la parte de atrás, retira una lámina de plástico protector y los ensambla en las piezas que circulan por la cinta transportadora.

Podemos ver 3 zonas habilitadas para la colocación de pallets delimitadas con líneas de color naranja. Además de las líneas, se ha escrito en cada uno de los recuadros el pallet que se debe colocar: «ENTRADA», «EN USO» y «SALIDA». Como es lógico, la zona de «EN USO» es la que más próxima se encuentra al operario (principio de mínimo movimiento).

Otro detalle que podemos apreciar en la zona de carga y descarga son las flechas amarillas que indican el flujo de movimiento que deben seguir los pallets desde el recuadro de «ENTRADA» hasta el de «SALIDA», una vez se haya vaciado en el recuadro «EN USO». Por último, vemos que a la derecha del empleado hay un espacio habilitado para colocar una papelera en la que tirar las láminas de plástico protector.

¿Podríamos mejorar la distribución de los espacios habilitados para la colocación de componentes? Por supuesto. En el ejemplo anterior, el empleado tiene que girarse casi 180° para agarrar los componentes del pallet. Si colocásemos el pallet «EN USO» a su izquierda, reduciríamos el ángulo de giro a 90° (lo que conlleva menos riesgos ergonómicos, menos movimiento, menos tiempo y menos dinero).

- Carteles

Un buen ejemplo podría ser el cartel con el símbolo del extintor. En este caso, el cartel que indica la ubicación de los elementos de extinción de incendios debe colocarse de manera obligatoria, pero podemos utilizar el método de los carteles para indicar la ubicación de otros elementos: equipos de limpieza, herramientas de trabajo, transpaleta, etc.

- Códigos de colores

Ya lo hemos comentado en el apartado «Pintura», pero los códigos de colores pueden utilizarse no solo para diferenciar los recuadros del suelo, sino para diferenciar cualquier elemento. El ejemplo más claro es el código de colores de los contenedores urbanos de residuos: el contenedor azul para el cartón, el amarillo para el plástico... En nuestra fábrica podemos emplear este mismo código para los residuos comunes (papel, plástico, etc.) y crear códigos nuevos para los demás residuos: recipiente morado para los trapos manchados de grasa, recipiente rojo para las piezas metálicas que vayan a chatarra...

- **Limpiar (Seiso)**

Una vez hayamos retirado de los espacios de trabajo todo aquello que no es necesario será mucho más sencillo limpiar. La falta de limpieza puede hacer que los defectos de la maquinaria sean menos visibles, puede provocar defectos en el producto final, da mala imagen y puede ser un peligro para la seguridad de las personas (aceite, virutas).

La suciedad también puede afectar negativamente a la moral de los trabajadores y generar disputas entre ellos, ya que no todo el mundo tiene el mismo criterio de limpieza. Por este motivo será necesario la creación de estándares de limpieza, como veremos más adelante.

Otro de los aspectos a tener en cuenta en esta etapa de las 5S es evitar que la suciedad vuelva a aparecer. ¿Cómo? Manteniendo el puesto de trabajo en perfecto estado en todo momento e identificando los focos de suciedad, ya que pueden ser causados por fugas (lubricante) o por un mal diseño de los equipos de trabajo (proyección de virutas y taladrinas en un torno).

Lo normal en las fábricas es que se produzcan paradas enfocadas a limpiar los lugares de trabajo, o que se realice una limpieza general al finalizar el turno. Aunque esto es un paso adelante en la consecución de las 5S, la limpieza es una tarea que debería realizarse de manera continua y constante, trabajando siempre bajo la premisa de que la forma más fácil de limpiar es no generar suciedad.

- **Estandarizar (Seiketsu)**

El propósito de esta fase es mantener las tres primeras S. Se trata de convertir el cumplimiento de las tres primeras fases en un hábito de la organización, y que no queden en algo puntual.

Para ello será necesario asignar responsabilidades: qué tareas deben realizarse, quién será el encargado de realizarlas y cómo se deben realizar. También tendremos que integrar en el trabajo diario todas las tareas que se planteen, y asignar un tiempo diario o semanal a estas labores.

Tenemos que poder reconocer cualquier tipo de desviación de un solo vistazo a los lugares de trabajo. Una forma muy eficaz de realizar esta comprobación es pedir a trabajadores de otras secciones (es decir, ajenas a nuestra área de trabajo) que realicen auditorías periódicas. Si una persona ajena a nuestra sección es capaz de detectar anomalías y devolverlas a su estado óptimo habremos hecho bien nuestro trabajo, por ejemplo:

- Un destornillador tiene su lugar asignado dentro de un armario y lo encontramos en la ubicación de los alicates.
- Los pallets tienen asignados unos recuadros en el suelo que indican su colocación y los encontramos fuera.
- Las mesas de trabajo se encuentran vacías y limpias. Los documentos se encuentran en sus archivadores o estanterías.
- No encontramos objetos ni elementos ajenos a la sección de trabajo en la que nos encontramos.

- **Sostener en el tiempo (Shitsuke)**

En la quinta y última fase trataremos de implantar la disciplina en la organización puesto que sin disciplina y voluntad de seguir avanzando todo lo que habíamos conseguido en las cuatro fases anteriores habrá sido en vano. ¿Qué debemos esperar de la dirección, los mandos intermedios y de los trabajadores?

- <u>Papel de la dirección y los mandos intermedios</u>

El principal objetivo de este grupo es educar y formar a los trabajadores en materia de 5S (cursos, vídeos, ejercicios prácticos). Una vez se haya formado a los trabajadores su misión será crear grupos de implantación en la fábrica, asignando responsables y tareas. Para que los trabajadores puedan dedicar tiempo al mantenimiento de las 5S es recomendable que los superiores asignen un tiempo determinado (al día, a la semana, etc.) para la realización de las tareas necesarias.

- <u>Papel de los trabajadores</u>

El papel de los trabajadores durante la implantación de las 5S es aprender y mejorar en este ámbito de manera continua, así como cumplir con las instrucciones que sus superiores les den para la consecución de los objetivos. Además, deben asumir y entender que esta implantación supondrá una mejora en la productividad y en la calidad del trabajo dentro de la fábrica y oficinas.

Detractores de las 5S

Hasta aquí todo ha sido un camino de rosas. La dirección se ha comprometido con el proyecto de las 5S y ha proporcionado recursos más que suficientes a los mandos intermedios para que puedan implantar con éxito este nuevo sistema. Los mandos intermedios han planificado cuidadosamente los pasos a seguir, las tareas necesarias y los responsables. Se han limpiado las máquinas, armarios y espacios de trabajo. En las cadenas de producción solo tenemos lo estrictamente necesario. Todo tiene un sitio y está etiquetado adecuadamente.

Los compañeros de otros departamentos vendrán trimestralmente a nuestra sección a hacer pequeñas auditorías 5S, y nosotros visitaremos sus secciones para comprobar que ellos también cumplan las acciones que han decidido llevar a cabo.

A partir de aquí, todo será cuesta abajo. Nuestro sistema 5S está bien pensado y contamos con los recursos necesarios. Nada puede salir mal... ¿o sí?

"Para qué voy a recoger los papeles si se van a seguir cayendo?", "Si nos ponemos a limpiar la cadena, produciremos menos piezas", "¿Para qué hacemos esto? El otro turno nunca lo hace". En un proyecto 5S es habitual encontrar detractores que no creen que el sistema sirva para algo, o simplemente no dan la importancia que merece a las pequeñas tareas del día a día.

Debemos tener en cuenta que las personas son reticentes a los cambios (más aún si les estás obligando a limpiar). Por este motivo es de vital importancia implementar los cambios **de uno en uno** y concienciar al personal sobre los beneficios que traerá la implantación de este sistema.

Beneficios de los sistemas 5S

- Reducción de accidentes.
- Reducción de pérdidas de tiempo.
- Reducción de los tiempos de fabricación.
- Espacios de trabajo más agradables y cómodos.
- Aumenta la satisfacción del cliente interno.
- Buena imagen del departamento y de la empresa en general.
- Evita errores.
- Mejora el humor del personal.

Mapeo de la Cadena de Valor
(Value Stream Mapping, VSM)

Qué es el Mapeo de la Cadena de Valor

El Mapeo de la Cadena de Valor se encarga de plasmar sobre el papel la Cadena de Valor. ¿Qué era la Cadena de Valor? En la «Parte I – Fundamentos» hemos hablado sobre este tema: «La cadena de valor hace referencia a todos aquellos pasos, actividades u operaciones necesarios para fabricar un producto desde los proveedores hasta el cliente final. Estas acciones deben contener tanto las operaciones que aportan valor añadido como las que no lo aportan».

El Mapeo de la Cadena de Valor, más conocido por su denominación en inglés, Value Stream Mapping (VSM), es una herramienta que muestra la secuencia y el movimiento de la información y el material, así como las diferentes operaciones que intervienen en un proceso productivo.

Antes de meternos en harina debemos saber que el alcance del Value Stream Mapping es el que nosotros queramos: podemos realizar un VSM de una única máquina (un torno, una prensa, una trefiladora), podemos hacerlo de una sección completa de nuestra fábrica (sección de soldadura, sección de decapado) o podemos hacerlo de una planta de fabricación completa, pero hay que tener en cuenta que debe realizarse un VSM distinto para cada tipo de producto que se fabrique en la planta.

Qué aporta el VSM

El Value Stream Mapping es una herramienta muy útil dentro del ámbito de la gestión industrial, ya que nos permite ver de manera clara y secuencial todas las partes que componen un proceso productivo, desde el cliente hasta nuestros almacenes de materias primas.

A diferencia de otras herramientas, el VSM nos permite localizar todas las fuentes de desperdicios del proceso que estemos estudiando de un solo vistazo, en lugar de hacerlo de manera aislada.

Además, el Mapeo de la Cadena de Valor suministra un lenguaje común para hablar del proceso de fabricación y forma la base del plan de acción.

Cómo realizar un Value Stream Mapping

Vamos a seguir todos los pasos necesarios para realizar un VSM de una planta de fabricación completa. Recordemos que el alcance de nuestro VSM puede ser el que queramos (una fábrica completa, un grupo de máquinas, una máquina aislada, etc.) pero se debe escoger un único producto.

En primer lugar, recorreremos nuestro segmento a estudiar desde el comienzo del proceso hasta el final. En esta parte observaremos todos los procesos que tienen lugar en la planta y nos haremos una idea general del proceso productivo.

Comenzaremos por el punto de recepción de materiales, continuaremos por el almacén, seguiremos por las cadenas de fabricación y finalizaremos en los muelles de expedición. Durante esta etapa no será necesario tomar notas: simplemente queremos echar un vistazo de todas y cada una de las partes que forman el proceso.

Una vez tengamos una visión general en nuestra cabeza, comenzaremos el estudio por el punto de nuestra fábrica que se encuentre más cercano al cliente, en este caso el almacén de producto terminado, y continuaremos el estudio hacia atrás hasta llegar al almacén de materias primas. Realizaremos las anotaciones con un cronómetro, lápiz y una hoja en formato A3.

Para la realización de este ejercicio vamos a tomar como fábrica una planta de fabricación de automóviles, y el producto a estudiar serán furgonetas para una importante empresa de alquiler.

Ejemplo: Realización de un Mapeo de la Cadena de Valor

En nuestra hoja formato A3 colocaremos en la parte superior derecha un dibujo que muestre a nuestro cliente, que en nuestro caso será la empresa de alquiler de furgonetas.

En este punto es interesante conocer qué clientes son los que más dinero gastan en nuestra empresa para así poder centrar nuestros estudios en los más importantes. Podemos utilizar la regla del 80/20 que veremos más adelante para detectarlos.

En segundo lugar, es necesario conocer la demanda actual del producto en cuestión que hemos seleccionado para realizar el Value Stream Mapping. Para nuestro ejemplo vamos a suponer una demanda anual de 12.000 vehículos.

Es interesante conocer también la frecuencia con la que enviamos nuestros productos al cliente, o cualquier otro dato que pueda afectar al suministro, como la demanda diaria de nuestro comprador.

Una vez tengamos estos datos, calcularemos el *takt-time* (ritmo del cliente). Si nuestra fábrica trabaja 253 días al año a dos turnos, el ritmo del cliente será:

$$Takt\ time = \frac{253\ días * \frac{24\ horas}{día} * \frac{60\ minutos}{hora}}{12.000\ vehículos}$$

$$Takt\ time = 30{,}4\ minutos/vehículo$$

$$Demanda\ diaria = \frac{12.000\ vehículos}{253\ días} = 47{,}4\ vehículos/día$$

Lo ideal es que nuestro ritmo de fabricación sea exactamente igual al ritmo del cliente. En el ejemplo que estamos realizando solo estamos teniendo en cuenta un cliente, pero el cálculo será más complejo en el caso de una empresa real en la que el número de clientes sea mayor.

Una vez tengamos recogida la información y hayamos realizado los cálculos necesarios, procederemos a colocar los datos junto al dibujo que habíamos hecho de nuestro cliente en la parte superior derecha.

CLIENTE
30,4 min. / vehículo
47,4 vehículos / día

Inmediatamente después del cliente, colocaremos a nuestros proveedores de componentes y materias primas.

Para el caso de estudio que estamos realizando vamos a considerar un solo proveedor de componentes. Al igual que con nuestro cliente, recogeremos información acerca de la frecuencia con la que realizamos nuestros pedidos, medio de transporte empleado, tiempo de suministro, tipo de embalaje... Todo aquello que pueda resultarnos de utilidad para encontrar mermas en el proceso posteriormente.

Una vez hecho esto, añadiremos a nuestro mapa los procesos básicos de producción. Utilizaremos una caja de proceso para cada uno de los procesos que se lleven a cabo en la fabricación. Para nuestro caso de estudio supondremos que durante la fabricación de una furgoneta solamente se llevan a cabo 4 procesos: ensamblado de chasis y carrocería, ensamble de piezas mecánicas, pintura y acabados.

Dentro de cada caja de proceso incluiremos el nombre del proceso, el tiempo de ciclo, tiempo de cambio de modelo, OEE de las máquinas, número de operarios... es decir, todo aquello que pueda ser de utilidad para el estudio del proceso.

CARROCERÍA Y CHASIS	PIEZAS MECÁNICAS
TC: 30 MINUTOS	TC: 30,4 MINUTOS
OEE: 92%	OEE: 88%
5 OPERARIOS	6 OPERARIOS

A continuación, se colocarán los stocks al principio y al final del proceso, así como los stocks intermedios entre estaciones de trabajo. Se utilizará un triángulo para simbolizar el almacenamiento, y en su interior se colocará el número de piezas que se encuentran almacenadas en ese punto. También podemos indicar el tiempo medio que pasa cada unidad almacenada.

Después, uniremos los procesos y los stocks intermedios mediante flechas.

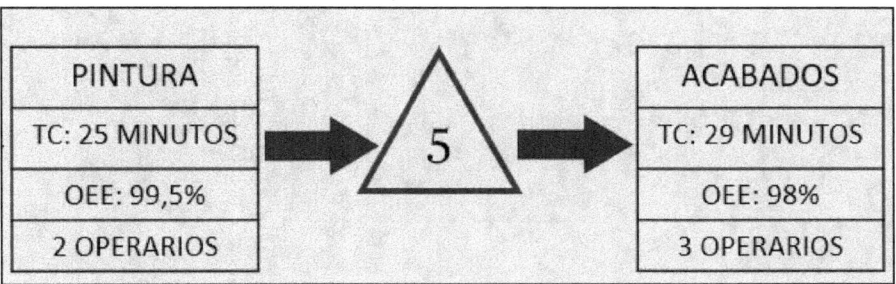

Hasta el momento nuestro Value Stream Mapping debería parecerse a algo así:

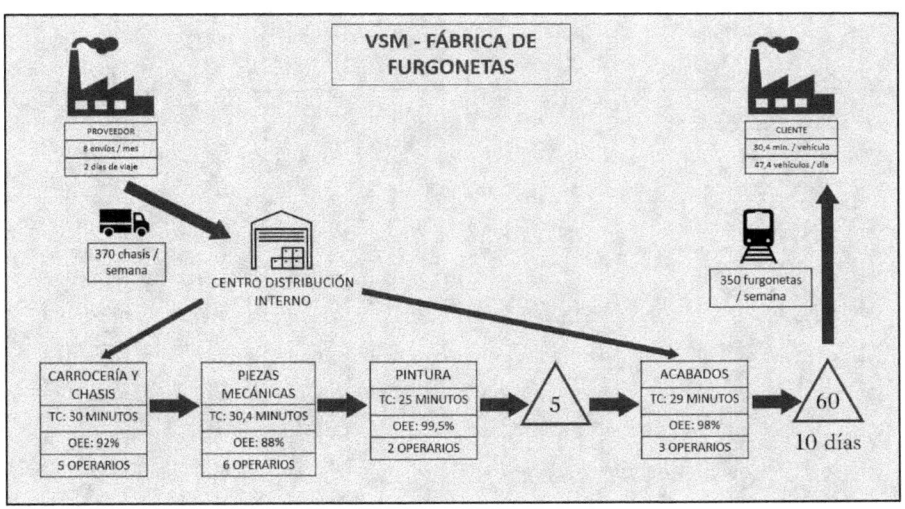

Hemos incluido información sobre el suministro de los proveedores a nuestra fábrica y sobre las entregas que realizamos a nuestro cliente.

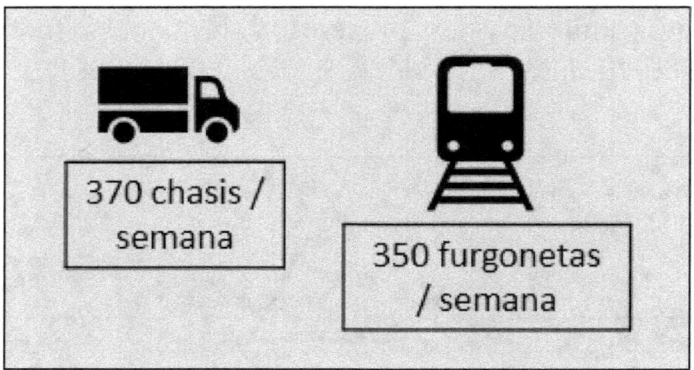

Podemos diferenciar el flujo de materiales utilizando flechas discontinuas para los productos no acabados y flechas continuas para los productos terminados. En la siguiente imagen se han modificado las flechas que simbolizan el flujo entre «Carrocería y Chasis», «Piezas Mecánicas», «Pintura» y «Acabados».

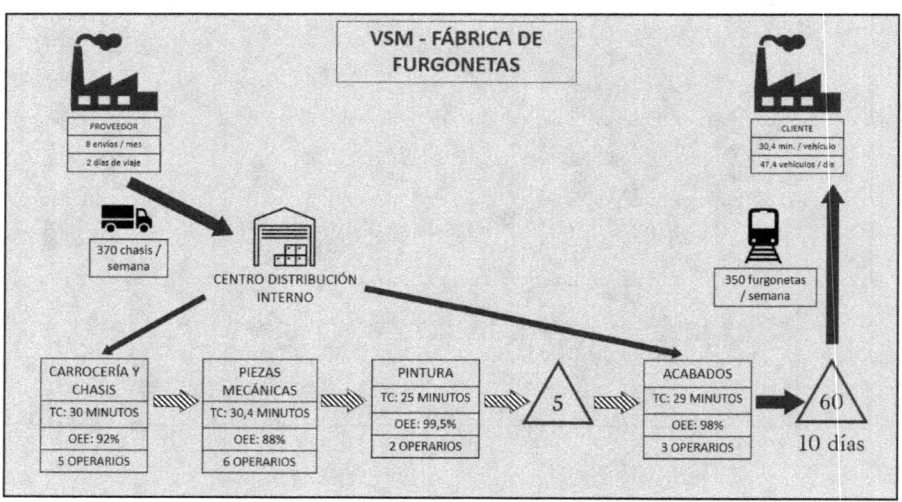

Una vez hayamos plasmado en nuestro A3 los flujos de material incluiremos los flujos de información.

Debemos plasmar los flujos de información internos de nuestra fábrica y los flujos de información con nuestros proveedores y clientes. Para ello, utilizaremos líneas rectas en el caso de flujos manuales de información y líneas quebradas en el caso de flujos automáticos de información.

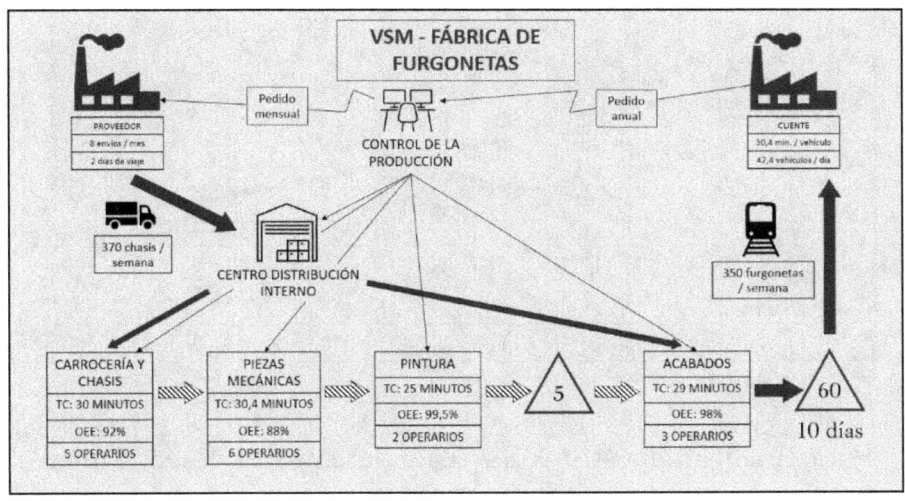

Solamente falta incluir en el gráfico y calcular los tiempos de espera y los tiempos de valor añadido de nuestro proceso. En la parte inferior, debajo de las cajas de proceso dibujaremos líneas arriba y abajo dependiendo de si se trata de un tiempo de espera o de tiempo de valor añadido, y anotaremos el tiempo empleado en cada segmento:

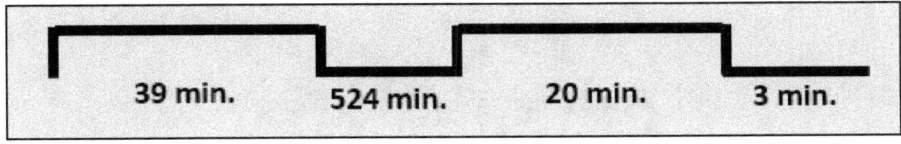

Una vez hayamos incluido estos segmentos en nuestro Mapa, tendrá una forma parecida a esta:

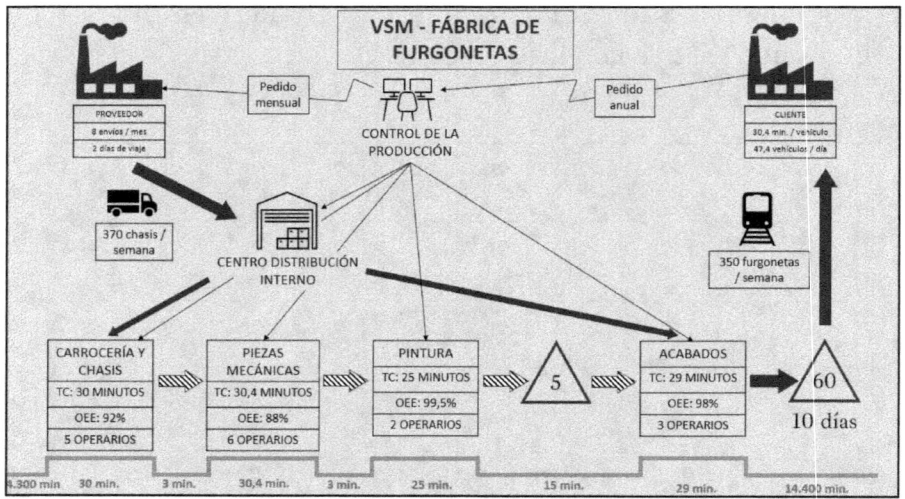

Para finalizar nuestro VSM calcularemos el Lead Time, el tiempo de transformación y el rendimiento.

El Lead Time es el tiempo que una unidad de producto permanece dentro de nuestra fábrica. Podemos calcular este parámetro sumando el tiempo que hemos escrito debajo de todos los segmentos de nuestro VSM. En nuestro caso sería:

$$Lead\ time = 4300 + 30 + 3 + 30{,}4 + 3 + 25 + 15 + 29 + 14400$$

$$Lead\ time = 18835{,}4\ minutos$$

El tiempo de transformación hace referencia a los momentos en los que se está trabajando activamente sobre una unidad de producto. Es decir, la suma de los tiempos asignados a los segmentos superiores:

$Tiempo\ de\ Proceso = 30 + 30{,}4 + 25 + 29 = 114{,}4\ minutos$

El rendimiento lo obtendremos mediante la división de los valores calculados anteriormente. Este parámetro nos indicará el porcentaje del tiempo que nuestro producto está siendo realmente transformado respecto al tiempo total que permanece en nuestra fábrica.

$$Rendimiento\ (\%) = \frac{114{,}4}{18835{,}4} * 100 = 0{,}6\ \%$$

Este es uno de los valores más importantes que nos indicarán si hemos mejorado o no cuando empecemos a realizar cambios en nuestra planta.

Con el Mapa del Flujo de Valor finalizado ya podremos identificar fácilmente los stocks innecesarios o los tiempos de espera excesivos, y de esta forma implementar cambios para optimizar el proceso.

Cálculo del stock óptimo

Cálculo del stock óptimo

Mantener un nivel de stock óptimo en un almacén es fundamental si queremos evitar sobrecostes en el proceso de almacenaje.

Para ello, debemos alcanzar el equilibrio entre minimizar el número de existencias en nuestros almacenes mientras aseguramos que en ningún momento se produzca una falta de stock que provoque paradas en la producción.

Ejemplo: Cálculo del stock óptimo

La empresa Cablinox S.A. se dedica a la fabricación de cables de acero y nos acaba de contratar como responsables del departamento de Mantenimiento.

Las máquinas de esta empresa sufren grandes esfuerzos para trenzar los cables de acero, y además no existe un plan de mantenimiento adecuado, por lo que el almacén de repuestos de nuestro departamento es muy grande y tiene piezas de todo tipo para cubrir la alta demanda de piezas de repuesto.

El director de la planta nos ha pedido que reduzcamos el stock de repuestos del almacén, ya que supone mucho dinero inmovilizado que no está siendo aprovechado. Para ello, vamos a revisar los stocks existentes de cada material, los stocks de seguridad que definió nuestro predecesor y los puntos de pedido que se están utilizando actualmente.

Por suerte ya habíamos trabajado en otro almacén antes de entrar en Cablinox S.A, así que ya sabemos que la evolución del stock sigue una forma de dientes de sierra, como vemos en la siguiente imagen:

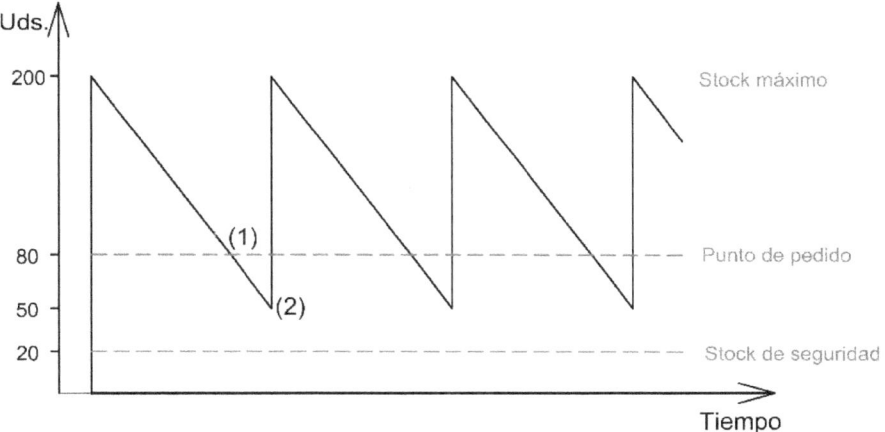

La explicación de la imagen anterior es la siguiente: a lo largo del tiempo el stock de un material va descendiendo debido al consumo que se realiza del mismo. Al llegar a una cierta cantidad (punto 1), que en el caso del gráfico anterior corresponde a 80 unidades, se lanza el siguiente pedido. Desde que se lanza el pedido al proveedor hasta que éste nos lo suministra pasa un tiempo, durante el cual nosotros seguimos consumiendo nuestro stock. Una vez nuestro proveedor entrega el pedido (punto 2), comienza un nuevo diente de sierra. Además, existe un stock de seguridad que, en principio, nunca debemos alcanzar y que se utilizarán para controles de calidad de proveedores, por ejemplo.

Comenzaremos por calcular los nuevos parámetros para uno de nuestros materiales: el rodamiento NXF 290 CB. Se trata de una pieza de 16 centímetros de diámetro exterior que tiene un precio por unidad de 175€. Actualmente el almacén dispone de 196 unidades de este producto.

En primer lugar, vamos a estudiar el histórico de salidas del almacén de este tipo de rodamiento. Disponemos de un sistema de gestión de almacenes bastante completo que nos permite sacar los datos rápidamente:

Día	Bajas de almacén
Día 1	5
Día 2	4
Día 3	6
Día 4	3
Día 5	3
Día 6	4
Día 7	5

Calculamos el consumo medio semanal, que es de 4,3 rodamientos. En segundo lugar, calculamos la desviación típica, que nos dará una idea de la variación semanal de los movimientos:

$$desv = \sqrt{\frac{1}{N-1} * \sum_{i=1}^{N}(X_i - \bar{X})}$$

Donde N es el número de datos (7), $\bar{X}$ es la media de la muestra (4,3) y el parámetro X_i representa cada uno de los datos de la tabla. Sustituyendo en la ecuación, obtenemos que:

$$desv = 1,03$$

Ahora llega el momento de tomar la primera decisión: ¿qué nivel de seguridad queremos? A continuación, se muestra una tabla con los niveles sigma: a mayor nivel, más seguridad.

Nivel sigma	(%) Seguridad
1	30,9 %
2	69,1 %
3	93,3 %
4	99,4 %
5	99,98 %
6	99,99966%

Es necesario llegar a un acuerdo entre el nivel de seguridad que queremos alcanzar y la cantidad de stock que podemos permitirnos tener acumulado. En este caso se trata de una pieza medianamente crítica en nuestro proceso y nos gustaría tener una fiabilidad superior al 90%, por lo que elegimos un nivel sigma 3. ¡Ojo! Esto no quiere decir que no vayamos a quedarnos sin stock nunca, ni siquiera utilizando un nivel 6 Sigma estaríamos cubiertos al 100%.

Una vez elegido el nivel sigma de nuestro stock, hacemos el siguiente cálculo.

- Multiplicamos el nivel sigma por la desviación estándar:

$$3 \times 1,03 = 3,09$$

- Calculamos el porcentaje que supone sobre la media de consumo semanal:

$$3,09 / 4,28 \times 100 = 72,2 \%$$

- Queremos hacer los pedidos aproximadamente cada semana. El número de piezas consumidas en este periodo de tiempo es 30 según nuestro histórico de datos. Aplicamos el porcentaje anterior (72,2 %) al número de piezas consumidas cada semana:

$$0,722 \times 30 = 21,7 \text{ piezas} \rightarrow 22 \text{ piezas}$$

Hemos conseguido pactar un stock de seguridad con del departamento de Calidad de 4 piezas para que puedan realizar ensayos cuando lo necesiten.

Nos faltaría calcular el punto de pedido. Para ello es necesario saber el Lead Time de nuestro proveedor, o lo que es lo mismo, el tiempo que tarda en suministrarnos la mercancía desde que realizamos el pedido. En el caso de nuestro proveedor, el Lead Time es de 2 días. Sabemos que cada día se consumen de media 4,3 unidades, por lo que en los dos días que tarda nuestro proveedor en suministrarnos los rodamientos se consumirán 8,6 unidades (vamos a redondear a 9).

Nuestro gráfico quedaría de la siguiente manera:

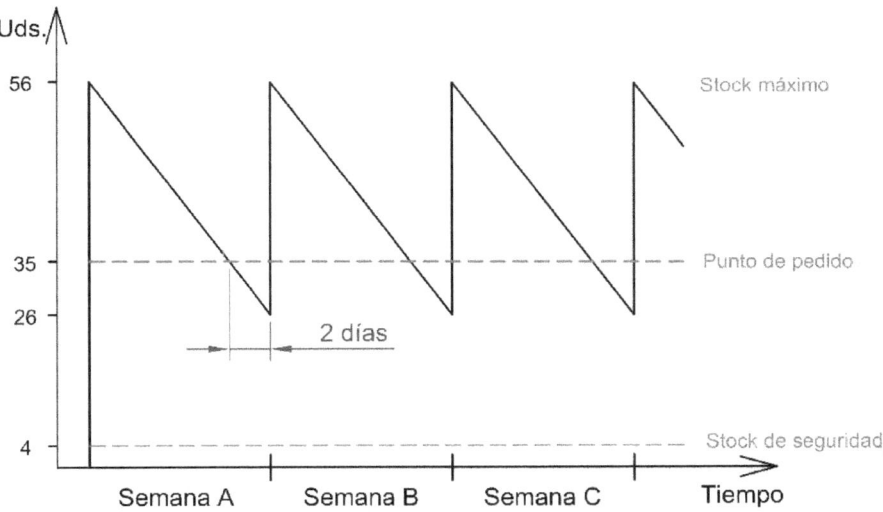

Resultado:

- 4 piezas de seguridad para el departamento de Calidad.
- 26 piezas (4 + 22) de stock mínimo.
- 35 piezas (26 + 9) para lanzar el pedido de 30 unidades.
- 56 piezas (26 + 30) de stock máximo.

Equilibrado de líneas

Para qué sirve el Equilibrado de Líneas

El equilibrado de líneas de producción se encarga de distribuir las tareas a realizar dentro de una cadena de fabricación y definir la secuencia de los trabajos, de tal forma que todos los puestos tengan el mismo tiempo de ciclo.

Si el equilibrado de las líneas de producción se hace correctamente conseguiremos disminuir o eliminar dos grandes desperdicios:

- Por una parte, reduciremos el inventario en curso ya que no serán necesarios stocks intermedios entre los puestos de trabajo. La cadencia de todas las estaciones será la misma y los aparatos avanzarán a la vez por la cadena sin esperas intermedias.
- Por otro lado, se reducirán los tiempos de inactividad de los operarios ya que todos ellos tendrán la misma saturación de trabajo.

Aunque acabo de comentar que los operarios tendrán «la misma saturación de trabajo» he de decirte que esto es algo extremadamente difícil de conseguir. Por lo general, siempre existirá una pequeña desviación de tiempo entre las estaciones de trabajo de una línea de fabricación y esto conllevará que existan micro paradas de los trabajadores.

Esta técnica de optimización de los puestos de trabajo es una de las herramientas más complejas y difíciles de llevar a la práctica correctamente. Requiere un estudio exhaustivo de todos los puestos de trabajo de la línea y de todas las operaciones que se llevan a cabo en ella, así como una parametrización de los tiempos que se emplean en realizar cada una de las operaciones.

Además, una vez se ha realizado el equilibrado de la cadena, surgirán otro tipo de problemas como la disposición de los utillajes y de las herramientas de trabajo, así como de la colocación de los componentes.

Esta técnica solo es recomendable aplicarla en fábricas o cadenas con altos volúmenes de fabricación, cuya demanda en el tiempo sea estable. ¿El motivo? Esta herramienta requiere disponer de personal interno que se dedique a la realización de los equilibrados (con su coste asociado) o en su defecto subcontratar alguna empresa especializada en Métodos y Tiempos, por no hablar de las inversiones que habrá que realizar en la fábrica (modificación de las cadenas, herramientas, utillajes, estanterías) una vez se hayan equilibrado las estaciones de trabajo.

Ejemplo: Equilibrado de una línea de montaje

Vamos a ver un ejemplo muy sencillo sobre el equilibrado de una cadena de montaje de tostadores de pan eléctricos. A continuación, se muestran las tareas que se realizan durante el montaje del tostador en una cadena de fabricación junto con el tiempo estimado que se tarda en realizar cada una de ellas.

Tarea	Tiempo
Colocar el soporte inferior sobre las guías de la cadena	6 seg.
Encajar las ranuras de tostado en el soporte inferior	10 seg.
Atornillar las ranuras de tostado al soporte con 4 tornillos	20 seg.
Encajar la botonera en la carcasa exterior	8 seg.
Encajar el selector de tostado en la carcasa exterior	10 seg.
Conectar los botones a la instalación eléctrica	5 seg.
Conectar el selector de tostado a la instalación eléctrica	6 seg.
Conectar manguera eléctrica a la tostadora	7 seg.
Introducir recogemigas en el soporte inferior	4 seg.
Realizar prueba de funcionamiento	25 seg.
Proteger la tostadora con Porex	6 seg.
Introducir conjunto en bolsa de plástico	5 seg.
Introducir conjunto en una caja y cerrar	8 seg.

Nuestra cadena de montaje cuenta con 3 estaciones de trabajo, y nuestra misión será distribuir las tareas de tal forma que el tiempo de ciclo de cada uno de los puestos de trabajo sea lo más parecido posible.

La suma de los tiempos de todas las operaciones unitarias es igual a 120 segundos. Dado que la línea de montaje cuenta con 3 puestos, tenemos que intentar que nuestro tiempo de ciclo sea lo más próximo posible a 120 entre 3, es decir, 40 segundos.

En una primera aproximación hemos conseguido que el tiempo de ciclo de la línea (que es igual al mayor tiempo de ciclo de todas las estaciones de trabajo) sea 46 segundos.

Primer Puesto	
Colocar el soporte inferior sobre las guías de la cadena	6
Encajar las ranuras de tostado en el soporte inferior	10
Atornillar las ranuras de tostado al soporte con 4 tornillos	20
Conectar los botones a la instalación eléctrica	5
TOTAL:	41

Segundo puesto	
Encajar la botonera en la carcasa exterior	8
Encajar el selector de tostado en la carcasa exterior	10
Conectar el selector de tostado a la instalación eléctrica	6
Conectar manguera eléctrica a la tostadora	7
Introducir recogemigas en el soporte inferior	4
TOTAL:	35

Tercer Puesto	
Realizar prueba de funcionamiento	25
Proteger la tostadora con Porex	6
Introducir conjunto en bolsa de plástico	5
Introducir conjunto en una caja y cerrar	10
TOTAL:	46

Podemos observar que existe una desviación considerable entre el segundo y el tercer puesto (11 segundos de diferencia entre ambos). Podríamos intentar transferir alguna de las operaciones más cortas desde el tercer puesto hacia el segundo, pero en este caso las operaciones de colocación de Porex protector y empaquetado deben realizarse después de la prueba de funcionamiento.

La secuencia de operaciones es solamente uno de los muchos problemas que nos podemos encontrar a lo largo del proceso de equilibrado de líneas de fabricación.

Hojas de Operación Estándar
(Standard Operation Sheets, SOS)

Qué son las SOS

Las hojas de operación estándar recogen todos los elementos de una operación específica, incluyendo todos los pasos involucrados y el tiempo aproximado de cada uno de ellos. Este tiempo también puede dividirse en tiempo de valor añadido y tiempo de desperdicios.

Generalmente, contiene un diagrama del puesto de trabajo, la fecha de creación del proceso, equipos de protección necesarios durante la operación, saturación del puesto de trabajo, etc.

Son una parte muy importante de los procesos de estandarización, ya que sirven de guía de trabajo para todos los empleados que ocupen un puesto de trabajo.

A continuación, se muestra un ejemplo básico de lo que puede ser una Hoja de Operación Estándar.

Setenitap S.A.

Puesto: Puesto 1
Modelos afectados: Patinete Niño Premium

EPIs necesarios:

Operación nº	Contenido del trabajo	Tiempo Total	Tiempo de valor añadido	Tiempo de desperdicio
1	Coge el manillar con una mano y la base con la otra mano. Los acopla y los coloca sobre el utillaje.	7.2	5	2.2
2	Estira el brazo y coge un bulón. Lo coloca en la interferencia de la base y el manillar. (Incluye frecuencia de retirada de cajas vacías)	5.8	4	1.8
3	Coge una pegatina del rollo y la coloca sobre el manillar del patinete.	2.8	2	0.8
4	Agarra el patinete con ambas manos, lo suelta del utillaje y le da la vuelta. Vuelve a colocar el patinete sobre el utillaje.	5	0	5
5	Coge otra pegatina del rollo y la coloca sobre el manillar del patinete.	5.8	4	1.8
	Totales	**26.6**	**15**	**11.6**

Tiempo de ciclo: 30,2 seg. Saturación del puesto: 88,08% Porcentaje Valor Añadido: 56,4%

SMED

Qué es SMED

SMED responde a las siglas «Single Minute Exchange of Die», que significa «cambio de matriz en un único dígito de minutos». Es un sistema de reducción de tiempos que surgió de la necesidad de cambiar las matrices de estampación de las prensas en 9 minutos o menos (de ahí viene lo de «un único dígito de minutos»).

Más allá de si se trata de prensas o de si los dígitos de minutos son uno o cuatro, esta técnica es muy útil a la hora de reducir los tiempos de cambio de modelo en máquinas y cadenas de fabricación.

¿Qué entendemos por «cambio de modelo»? Todas aquellas operaciones que deben transcurrir cuando cambiamos el producto que estamos fabricando: limpieza de herramientas y espacios de trabajo, ajuste de máquinas, cambios de utillaje, cambios de herramienta, limpieza de moldes, controles de calidad o capacidad, verificación de piezas, etc.

¿Y qué entendemos por «tiempo de cambio de modelo»? El tiempo que transcurre desde la fabricación de la última pieza correcta del primer proceso hasta la primera pieza buena fabricada del modelo siguiente.

Dependiendo de la variedad de modelos que se fabriquen dentro de una planta industrial, los tiempos de cambio de modelo pueden llegar a suponer hasta un 8-10% sobre el tiempo total de fabricación. Por este motivo es interesante buscar un método para reducir los tiempos de cambio de referencia al mínimo.

Tipos de operaciones en un cambio de modelo

Acabamos de hablar sobre unos cuantos ejemplos de operaciones que se realizan durante los cambios de referencia de una máquina o línea de producción. Ahora vamos a ver que estas operaciones pueden dividirse en dos tipos en función del estado de la máquina.

- **Internas**

Estas operaciones solamente pueden realizarse mientras la máquina que está sufriendo el cambio se encuentra parada. Por ejemplo: limpieza del molde en una máquina de inyección de plástico.

- **Externas**

Este tipo de operaciones pueden realizarse mientras la máquina se encuentra en funcionamiento. Por ejemplo: control de calidad de una pieza.

Etapas del método SMED

Si queremos reducir los tiempos de cambio de modelo en la maquinaria de nuestra planta debemos seguir 5 etapas.

- Hacer un listado con todas las operaciones a realizar.
- Clasificar las operaciones según sean internas o externas.
- Medida de tiempos.
- Convertir las operaciones internas en externas.
- Criba de operaciones.

Vamos a estudiar más en detalle cada una de estas etapas.

- **Hacer un listado de operaciones**

El primer paso para la reducción de los tiempos en un cambio de modelo es recopilar todas las operaciones que se realizan durante el cambio y hacer una lista con todas ellas.

En esta etapa encontraremos todo tipo de operaciones tanto internas como externas, que van desde cambios de utillaje hasta pruebas de funcionamiento.

Una buena técnica para llevar a cabo esta etapa es la grabación de un vídeo durante la ejecución del cambio de modelo. Una vez hecho esto, es recomendable formar un grupo de personas que incluya a:

- Encargados de Producción.
- Operarios encargados de realizar los cambios de modelo.
- Personal de Ingeniería.

- Personal encargado del suministro de material a la máquina o a la línea de producción.

Además de estos agentes, es imprescindible contar con alguien especializado en la técnica SMED que sea capaz de conducir la reunión y de asegurarse de que se realiza conforme a lo que esta técnica requiere.

- **Clasificar las operaciones en internas o externas**

Una vez se hayan listado todas las operaciones necesarias para cambiar de modelo, debemos indicar si se están realizando con la máquina en marcha (operaciones externas) o con la máquina parada (operaciones internas).

- **Medida de tiempos**

Cronometraremos el tiempo que se tarda en realizar cada una de estas operaciones y calcularemos el tiempo total de cambio de modelo para tener una base sobre la que trabajar.

- **Convertir las operaciones internas en externas**

Si volvemos a observar el proceso detalladamente nos daremos cuenta de que muchas de las operaciones que se están realizando con la máquina parada se podrían realizar con la máquina en marcha sin necesidad de invertir dinero ni tiempo en el proceso. Algunas de estas operaciones pueden ser la búsqueda de herramientas, comunicación del cambio a los responsables, desplazamientos, etc.

Mientras observamos el proceso (varias veces si es necesario) anotaremos qué operaciones podrían haberse realizado con la máquina en marcha.

- **Criba de operaciones**

Por último, estudiaremos las acciones que se llevan a cabo y veremos que algunas de ellas no son necesarias en el cambio de modelo o pueden realizarse de formas más sencillas que reducirán aún más el tiempo de cambio.

Ejemplo: Cambio de modelo en una cadena de montaje de patinetes

Regresamos a la empresa Setenitap S.A., que se dedica al montaje de patinetes. El encargado de Producción se ha dado cuenta de que los tiempos de cambio de referencia en sus cadenas suponen un 50% de las pérdidas de tiempo totales en su sección, por lo que decide aplicar la técnica SMED.

En primer lugar, graban varios vídeos del cambio de modelo de una de las líneas de montaje y ven que el encargado de la línea realiza las siguientes operaciones:

> Justo antes de fabricar la última unidad de la referencia anterior, el operario se dirige a la oficina del jefe de turno y le avisa de que va a realizar un cambio de modelo. El jefe de turno le da el OK y el operador vuelve a la cadena.
>
> Tiene que cambiar un utillaje en el primer puesto de la cadena, así que espera a que el último patinete salga de

esta estación de trabajo y va a buscar la siguiente orden de fabricación al ordenador.

Una vez la encuentra, busca en la orden de fabricación el nuevo utillaje que debe utilizarse en el primer puesto.

Se dirige hasta el armario de utillajes y coge el nuevo útil. Vuelve a la cadena y lo posa junto al primer puesto.

Desatornilla el útil que se estaba utilizando hasta el momento, lo desacopla de la cadena y lo posa junto al puesto. Seguidamente acopla y atornilla el nuevo útil.

Se dirige al puesto 2 y limpia las virutas y los tornillos que han caído al suelo y a los raíles de la línea. Se trata de una limpieza superficial, por lo que no hace falta abrir compartimentos.

Después se dirige al puesto 3 y cambia la configuración del medidor de par que comprueba el ajuste de la tuerca del manillar del patinete.

Coge de nuevo la orden de fabricación y comprueba qué atornillador manual debe estar colocado en el puesto 2 de la cadena. Cuando lo identifica, desacopla el atornillador que se estaba utilizando y coloca el nuevo atornillador, el cual ha ido a buscar al armario de utillajes.

Para finalizar, va a buscar al jefe de turno para avisarle de que ha finalizado el cambio de modelo. El jefe de turno permite que comience la fabricación del nuevo modelo y avisa al departamento de Calidad para que se acerquen a la cadena y comprueben que el primer patinete de la nueva referencia cumple los estándares de Calidad.

La cadena de montaje comienza a trabajar con el nuevo modelo. Tras 3 minutos finaliza el montaje del primer patinete, pero el inspector de Calidad tarda 1 minuto más en ir a la línea. Tras una inspección de 2 minutos da el OK para que continúe la fabricación.

En total, el encargado de la cadena de producción ha empleado 33 minutos en cambiar de modelo.

Para aplicar la técnica SMED comenzamos por diferenciar las operaciones en internas (máquina parada) o externas (máquina en marcha) y anotamos el tiempo empleado.

Operación	Tipo de Operación	Tiempo
Ir a la oficina y avisar al jefe de turno.	Interna	2
Ir a buscar la siguiente orden de fabricación.	Interna	1
Buscar el nuevo tipo de utillaje en la orden de fabricación.	Interna	2
Ir al armario a buscar el nuevo útil. Volver a la cadena.	Interna	3
Desatornillar y desacoplar el útil anterior.	Interna	4
Acoplar y atornillar el nuevo útil.	Interna	4
Limpiar virutas y tornillos en el puesto 2.	Interna	1
Cambiar configuración del medidor de par en el puesto 3.	Interna	1
Comprobar el atornillador manual en orden de fabricación.	Interna	1
Desacoplar atornillador anterior.	Interna	3
Ir al armario a buscar el nuevo atornillador. Volver a la cadena.	Interna	3
Acoplar el nuevo atornillador.	Interna	3
Ir a avisar al jefe de turno.	Interna	2
Esperar al inspector de Calidad	Interna	1
Inspección de patinete.	Interna	2
	TOTAL	33

En la tabla anterior vemos que la mayoría de las operaciones realizadas pueden llevarse a cabo con la máquina en marcha. Todo el tiempo asociado a estas operaciones podría ser aprovechado si el operario de la cadena tuviera preparados los utillajes y las herramientas y se comunicara con el jefe de turno a través del teléfono, sin desplazarse hasta la oficina. El tiempo de cambio de modelo se reduciría casi a la mitad sin realizar ninguna inversión.

Operación	Tipo de Operación	Tiempo
Ir a la oficina y avisar al jefe de turno.	Externa	0
Ir a buscar la siguiente orden de fabricación.	Externa	0
Buscar el nuevo tipo de utillaje en la orden de fabricación.	Externa	0
Ir al armario a buscar el nuevo útil. Volver a la cadena.	Externa	0
Desatornillar y desacoplar el útil anterior.	Interna	4
Acoplar y atornillar el nuevo útil.	Interna	4
Limpiar virutas y tornillos en el puesto 2.	Externa	0
Cambiar configuración del medidor de par en el puesto 3.	Interna	1
Comprobar el atornillador manual en orden de fabricación.	Externa	0
Desacoplar atornillador anterior.	Interna	3
Ir al armario a buscar el nuevo atornillador. Volver a la cadena.	Externa	0
Acoplar el nuevo atornillador.	Interna	3
Ir a avisar al jefe de turno.	Externa	0
Esperar al inspector de Calidad	Externa	0
Inspección de patinete.	Interna	2
	TOTAL	17

Podríamos realizar alguna modificación más para reducir el tiempo de cambio de referencia: cambiar los tornillos de los utillajes por anclajes rápidos para ahorrar el tiempo de atornillado, por ejemplo.

Estos cambios conllevan pequeñas inversiones y pueden suponer ahorros de tiempo enormes, por lo que merece la pena.

Para finalizar cribaremos las operaciones de las que podemos prescindir. En este caso, la inspección de 2 minutos de la primera unidad fabricada por parte del departamento de Calidad podría sustituirse por controles aleatorios con la máquina en funcionamiento.

Sin la necesidad de realizar grandes inversiones hemos reducido el tiempo de cambio de referencia a menos de la mitad mediante la transformación de operaciones internas en externas, mediante cambios mínimos en algunos utillajes y mediante la criba de operaciones innecesarias.

Regla de Pareto

Quién fue Pareto

Vilfredo Federico Pareto (1848-1923) fue un ingeniero, sociólogo, filósofo y economista italiano que, entre otras cosas, observó y difundió la regla del 80-20.

En el año 1893 fue nombrado profesor de economía en la Universidad de Lausana, pero fue en 1906 cuando observó que el 80% de la riqueza de su país estaba en manos del 20% de la población.

La Regla de Pareto

La Ley o Regla de Pareto también se conoce como clasificación ABC o Regla del 80-20. Esta norma establece que el 80% de las consecuencias se debe al 20% de las causas, y puede aplicarse a diversos ámbitos y sectores.

- El 80% del valor de un almacén se debe al 20% de las mercancías.
- El 80% de los fallos en una planta industrial se deben al 20% de las causas.
- El 80% de las quejas de los clientes se deben al 20% de los productos.

- El 80% de los clientes son captados a través del 20% de las campañas publicitarias.
- El 80% de las visitas de una web las producen el 20% de las palabras clave.
- El 80% de las veces utilizamos el 20% de los programas de nuestro ordenador.

Utilidad de la Regla de Pareto

La Regla del 80-20 puede ser de enorme utilidad en el ámbito empresarial puesto que nos permite controlar el 80% de las consecuencias o efectos identificando y trabajando sobre el 20% de las causas.

Como dijimos en la Parte I, los recursos de las organizaciones no son infinitos y deben asignarse de manera racional. Esta regla nos permite centrar los esfuerzos en un pequeño grupo de causas (el 20%) y conseguir resultados sobre la mayoría de las consecuencias (el 80%).

El Diagrama de Pareto

Ya hemos visto cómo esta regla puede ayudarnos a asignar tiempo y recursos de manera más eficiente en nuestra empresa, y ahora veremos cómo se representan los datos sobre un diagrama.

El Diagrama de Pareto no es más que la agrupación de los datos recogidos y su ordenación de mayor a menor, incluyendo además una línea que representa el acumulado. Tiene la siguiente forma:

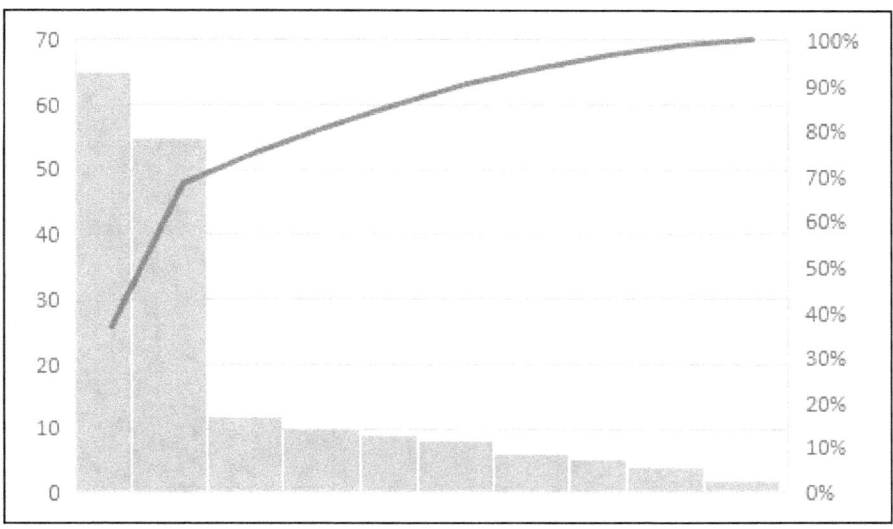

En el gráfico anterior podemos ver una lista de datos representados en forma de columna y ordenados de mayor a menor. Además, hay una línea que representa el porcentaje acumulado.

Y estarás pensando: «En este capítulo me han dicho que el 80% de las consecuencias se debe al 20% de las causas, ¡pero en el gráfico anterior la suma del 20% de las causas solo alcanza el 68% de las consecuencias!».

Efectivamente, el gráfico anterior está dividido en 10 columnas y la suma de las dos primeras (el 20%) solo alcanza el 68% del total.

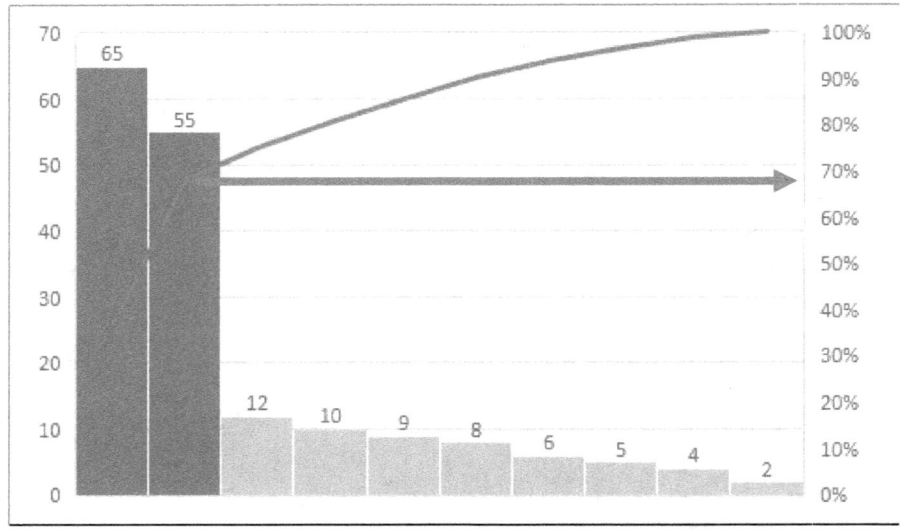

Entonces, ¿la Regla de Pareto no es válida? Sí que lo es, pero nuestra muestra de datos es demasiado pequeña como para que los valores se aproximen al 80-20.

Vamos a comprobar con un ejemplo cómo la Regla y el Diagrama de Pareto pueden ayudarnos a tomar decisiones en nuestro día a día en una empresa.

Ejemplo: La fábrica de coches

La empresa SETA S.A. se dedica a la fabricación de coches y nos ha contratado como responsables del Departamento de Calidad en una de sus fábricas. Un día, el responsable de producción nos dice que está cansado de que Calidad detecte tantos defectos en los vehículos que salen de las cadenas de producción, y nos propone que a lo largo de las próximas semanas rellenemos una *checklist* con los distintos tipos de fallo que encontramos en los coches.

Decidimos utilizar un histórico de fallos encontrados en los vehículos a lo largo del año pasado y redactar la siguiente *checklist*:

Tipo de fallo	N° de veces detectado
Carrocería golpeada	
Pintura rayada	
Embellecedores interiores mal colocados	
Puerta no cierra bien	
El motor no refrigera correctamente	
Pérdida de aceite del motor	
Emisión de gases fuera de norma	
Dirección desviada	
Motor de ventanillas no funciona	
Tapicería rayada	
Motor no arranca	

Una vez tenemos la lista de fallos redactada comenzamos a tomar datos durante varios meses, y cada vez que el Departamento de Calidad detecta un fallo lo anota en la *checklist*.

Cuando la muestra de datos es lo bastante grande como para sacar conclusiones decidimos pasar a la siguiente fase.

Los resultados obtenidos han sido los siguientes:

Tipo de fallo	N° de veces detectado
Carrocería golpeada	238
Pintura rayada	598
Embellecedores interiores mal colocados	26
Puerta no cierra bien	54
El motor no refrigera correctamente	13
Pérdida de aceite del motor	37
Emisión de gases fuera de norma	2
Dirección desviada	6
Motor de ventanillas no funciona	6
Tapicería rayada	72
Motor no arranca	1
TOTAL:	1053

El siguiente paso que debemos dar es calcular el porcentaje que supone cada uno de los tipos de fallo que hemos encontrado sobre el total de defectos detectados.

Para ello, sumamos la columna de «N° de veces detectado» y obtenemos que el número total de defectos es 1053. Ahora dividimos el número de veces que se ha detectado cada fallo entre el número total de defectos:

$$Fallos\ (\%) = \frac{238}{1053} * 100 = 22,6\ \%$$

Hemos utilizado el número de fallos correspondiente a «Carrocería golpeada», y comprobamos que este tipo de fallo supone un 22,6 % de todos los fallos que se producen en los vehículos. Realizamos el mismo cálculo para todos los demás.

Tipo de fallo	Nº de veces detectado	% sobre el total
Carrocería golpeada	238	22.6%
Pintura rayada	598	56.8%
Embellecedores interiores mal colocados	26	2.5%
Puerta no cierra bien	54	5.1%
El motor no refrigera correctamente	13	1.2%
Pérdida de aceite del motor	37	3.5%
Emisión de gases fuera de norma	2	0.2%
Dirección desviada	6	0.6%
Motor de ventanillas no funciona	6	0.6%
Tapicería rayada	72	6.8%
Motor no arranca	1	0.1%
TOTAL:	1053	

Viendo los resultados anteriores ya podemos intuir cuáles son los principales tipos de fallo, pero vamos a continuar con el proceso de estudio ya que no siempre será tan sencillo como en este caso.

A continuación, ordenamos de mayor a menor los fallos.

Tipo de fallo	Nº de veces detectado	% sobre el total
Carrocería golpeada	598	56.8%
Pintura rayada	238	22.6%
Embellecedores interiores mal colocados	72	6.8%
Puerta no cierra bien	54	5.1%
El motor no refrigera correctamente	37	3.5%
Pérdida de aceite del motor	26	2.5%
Emisión de gases fuera de norma	13	1.2%
Dirección desviada	6	0.6%
Motor de ventanillas no funciona	6	0.6%
Tapicería rayada	2	0.2%
Motor no arranca	1	0.1%
TOTAL:	1053	

En la tabla anterior podemos comprobar cómo los dos primeros tipos de fallo suponen un **79,4 %** de las consecuencias, siendo únicamente el 18 % de las causas que las provocan.

También podemos transformar los datos en una gráfica y añadir la línea de Pareto:

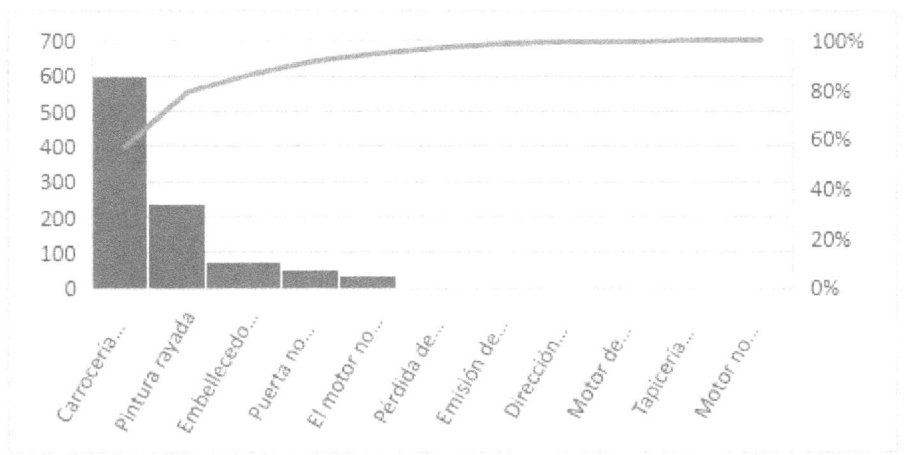

Con los datos anteriores en la mano ya sabemos sobre qué tipos de fallo debemos centrar nuestros esfuerzos para conseguir los mejores resultados posibles.

Análisis ABC

Análisis ABC

El análisis ABC clasifica los materiales por su volumen de consumo en valor monetario versus el número de códigos. Este sistema es la base para asignar tipos de suministros y de almacenamiento a cada uno de los materiales.

Si realizamos este tipo de clasificación veremos que la distribución de los componentes sigue la Regla de Pareto:

- El 20% de los materiales supone el 80% del valor monetario total del almacén.
- El siguiente 30%, representa el 15% del valor monetario total.
- El 50%, está compuesto por los materiales que representan únicamente el 5% del valor total.

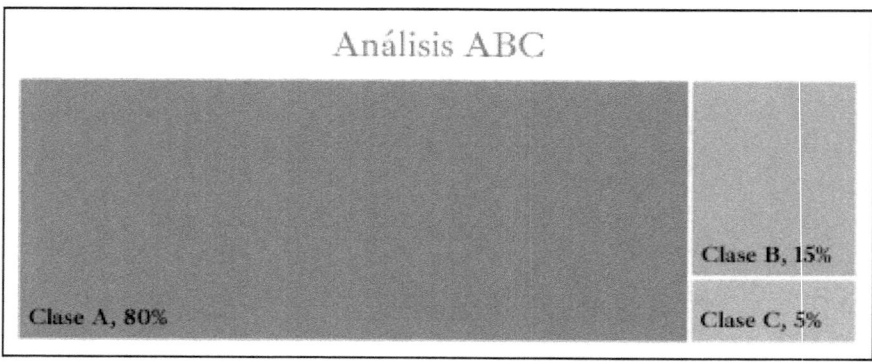

Control Estadístico de Procesos

Control Estadístico de Procesos

El CEP es un conjunto de herramientas utilizadas para hacer un seguimiento del desempeño de un proceso. Estas técnicas se utilizan para:

- Aumentar el conocimiento sobre el proceso.
- Verificar la estabilidad del proceso y reducir su variabilidad.
- Mejorar la eficiencia del proceso.

El CEP hace uso de los Gráficos de Control para realizar el seguimiento de las variables en los procesos productivos.

Tipos de gráficos de control

Vamos a distinguir dos tipos de gráficos de control según la naturaleza de la muestra que estemos estudiando. De esta forma encontraremos gráficos de control por variables y gráficos de control por atributos.

- **Gráficos de control por variables**

  - Gráfico $\bar{x}$: nos indica cuánto se alejan los datos de la muestra de la media.
  - Gráfico R: nos indica cuánta dispersión existe en los datos de la muestra.
  - Gráfico $\bar{x}$-R: se obtiene de la superposición de los gráficos anteriores. Sirve para ver la relación entre ambas.

- **Gráficos de control por atributos**

  - Gráfico p: sirve para visualizar el porcentaje de defectos de una muestra.
  - Gráfico np: muestra el número de defectos totales de una muestra.
  - Gráfico c: muestra el número de defectos por unidad de producción durante un periodo de tiempo.
  - Gráfico u: se emplea cuando no es posible tener siempre la misma unidad de medida para contar el número de defectos. Controla el número medio de defectos por unidad de medida.

El Gráfico de Control de Shewhart

Uno de los gráficos más empleados en el control estadístico de procesos es el Gráfico de Control de Shewhart.

Consiste en dos ejes: el eje vertical representa el valor de la variable que se está estudiando (longitud de un bulón, peso de un tornillo, etc.) mientras que el eje horizontal indica la muestra analizada.

En el gráfico de control de Shewhart se dibujan tres líneas horizontales.

- Límite de Control Superior (LCS).
- Línea Central (LC).
- Límite de Control Inferior (LCI).

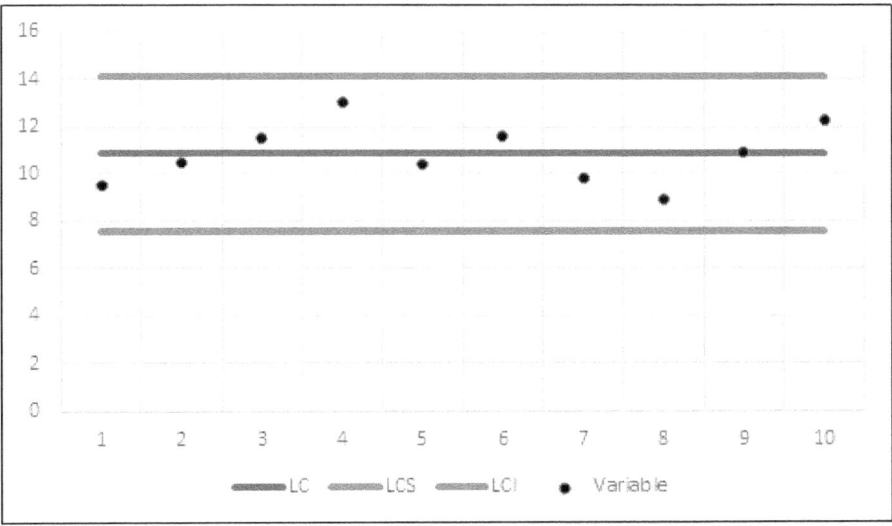

Los límites de control del proceso se obtienen a partir del análisis estadístico de la muestra de datos. Representan el rango de datos dentro del cual deben encontrarse los datos de la muestra para considerar el proceso «bajo control».

Entonces, si todos los puntos quedan dentro de los límites de control, ¿mi proceso está bajo control? No siempre. Existen ciertas situaciones en las que, aunque todos los puntos queden dentro, se considera que existe algún fallo en el proceso:

- Cuando 7 puntos seguidos quedan al mismo lado de la Línea Central, por arriba o por abajo.

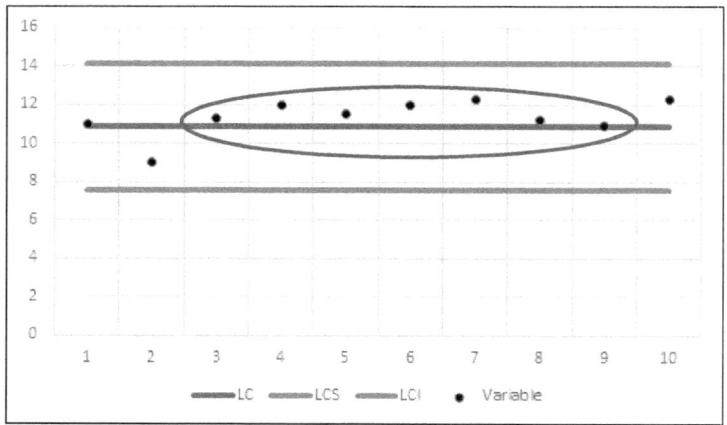

- Cuando 7 puntos consecutivos están creciendo o decreciendo.

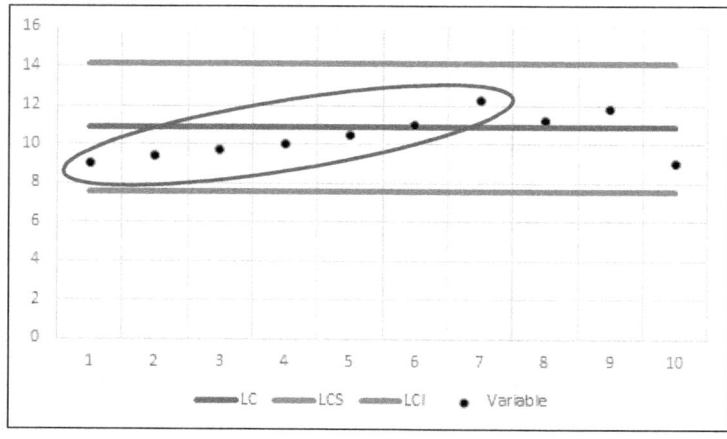

- Periodicidad.

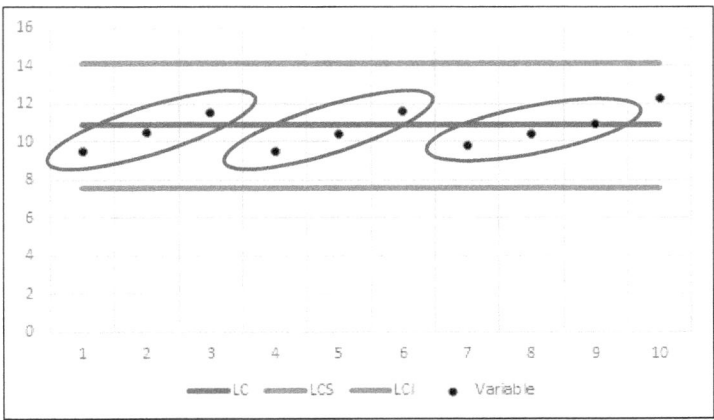

- Cualquier otro patrón inusual.

Cómo se construye el gráfico de control de Shewhart

En primer lugar, seleccionamos la variable o atributo a medir (una medida de longitud de una pieza, número de defectos por metro de cable, peso de un producto, etc.) y establecemos una frecuencia de recogida de datos (una vez cada 2 horas, una vez cada turno, etc.).

Una vez tengamos la muestra de datos recogida, calcularemos el valor de la línea central y los límites de control superior e inferior.

Después, eliminaremos de la gráfica los datos que correspondan a situaciones especiales (arranques de máquina, cambios de turno, despistes puntuales).

Por último, revisaremos la gráfica y comprobaremos que no haya puntos fuera de los límites de control o algún patrón extraño.

Ejemplo: Cómo realizar un gráfico de control

Trabajamos como inspectores de Calidad en una fábrica de tornillos. En una de las líneas de fabricación se producen tornillos de 8x22 de cabeza hexagonal, los cuales se empaquetan en cajas.

La forma de controlar que todas las cajas lleven aproximadamente el mismo número de tornillos es controlar el peso. Cada tornillo pesa alrededor de 18 gramos, y está previsto que las cajas contengan 200 unidades.

Cada día, tomamos datos cada media hora del peso de una caja aleatoriamente. Al finalizar el turno comprobamos los datos y vemos si se ha producido alguna anomalía. Los datos recogidos en el turno de hoy son los siguientes:

Muestra	Peso (g.)	Muestra	Peso (g.)
1	3550	9	3369
2	3685	10	3785
3	3852	11	3245
4	3258	12	3369
5	3548	13	3354
6	3698	14	3348
7	3165	15	3325
8	3478	16	3369

Empezamos por graficar la muestra de datos.

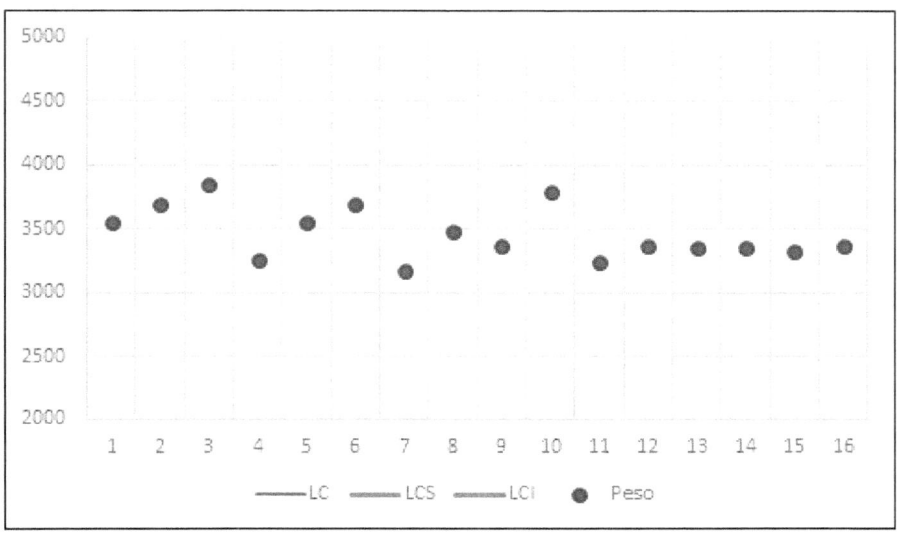

Seguimos calculando la media de la muestra. Sumamos todos los datos y dividimos entre 16. El resultado es 3462 gramos. Esta será nuestra Línea Central (LC).

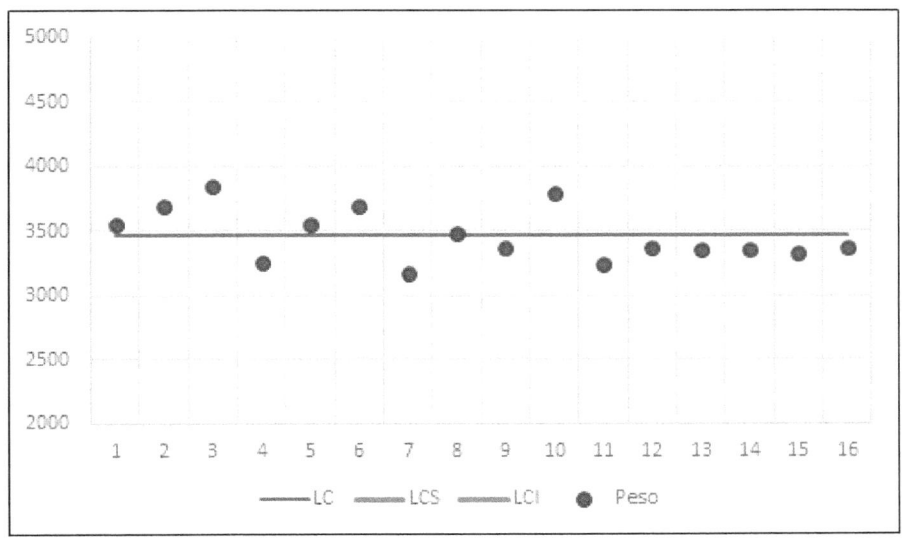

Una vez hayamos dibujado nuestra Línea Central, calculamos la desviación típica (lo vimos en el apartado «Cálculo del stock óptimo»).

$$desv = \sqrt{\frac{1}{N-1} * \sum_{i=1}^{N}(X_i - \bar{X})}$$

El resultado de esta operación es:

$$desv = 204 \; gramos$$

Para calcular el Límite de Control Superior e Inferior, multiplicamos el valor de la desviación por 3. El valor obtenido se lo sumaremos a la Línea Central para obtener el Límite de Control Superior, y se lo restaremos a la Línea Central para obtener el Límite de Control Inferior.

$$LCS = LC + 3 * desv = 3462 + 3 * 204 = 4074 \; gramos$$

$$LCI = LC - 3 * desv = 3462 - 3 * 204 = 2850 \; gramos$$

Dibujamos las líneas de control que acabamos de calcular sobre la gráfica y comprobamos si hay algún dato atípico que se salga de los límites de control.

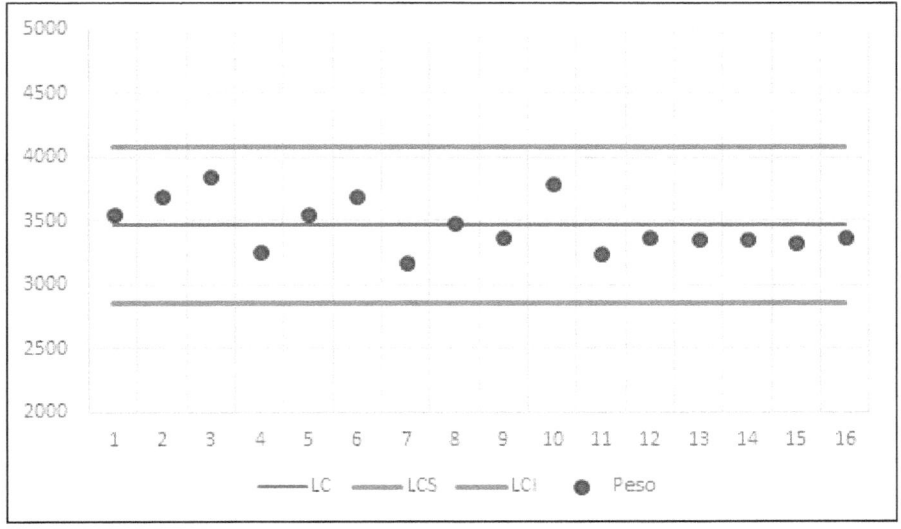

Ninguno de los datos queda fuera de los límites. Podríamos decir que el proceso está bajo control, pero si nos fijamos podemos ver 2 patrones ascendentes consecutivos, seguidos de un tercero que se asemeja bastante a un patrón ascendente y 6 datos que quedan en el mismo lado de la Línea Central.

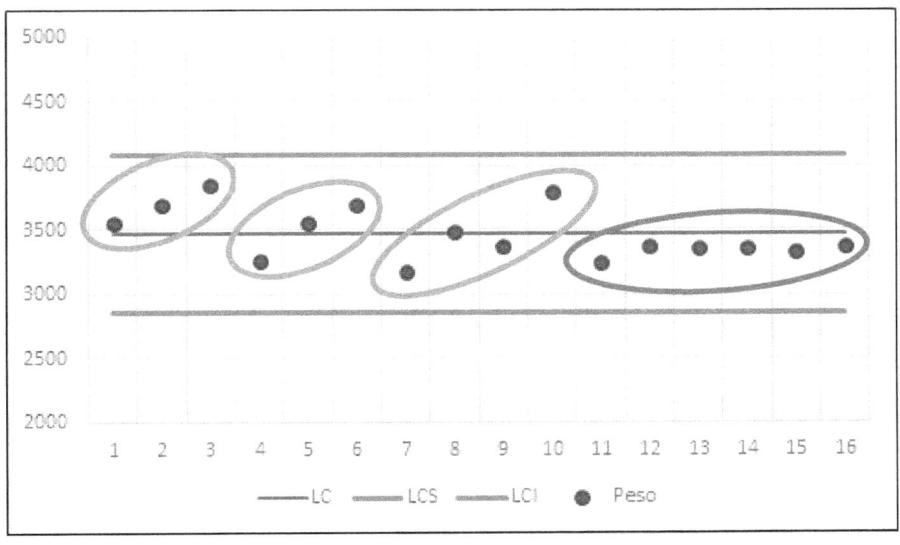

Desde el punto de vista del Control Estadístico de Procesos esta distribución de los datos podría ser un síntoma de que el proceso no se está desarrollando correctamente.

En nuestra mano estaría detener la fabricación o comprobar que las máquinas y equipos de medida se están comportando conforme a lo esperado.

Diagrama Causa-Efecto

Qué es el Diagrama Causa-Efecto

Este Diagrama es una representación visual y sencilla que nos ayuda a determinar todos los tipos de causas que pueden provocar un efecto.

En este diagrama se representa a la derecha el problema que se quiere analizar y a la izquierda se representan las causas, unidas por flechas que confluyen en una flecha troncal que acaba llegando al problema.

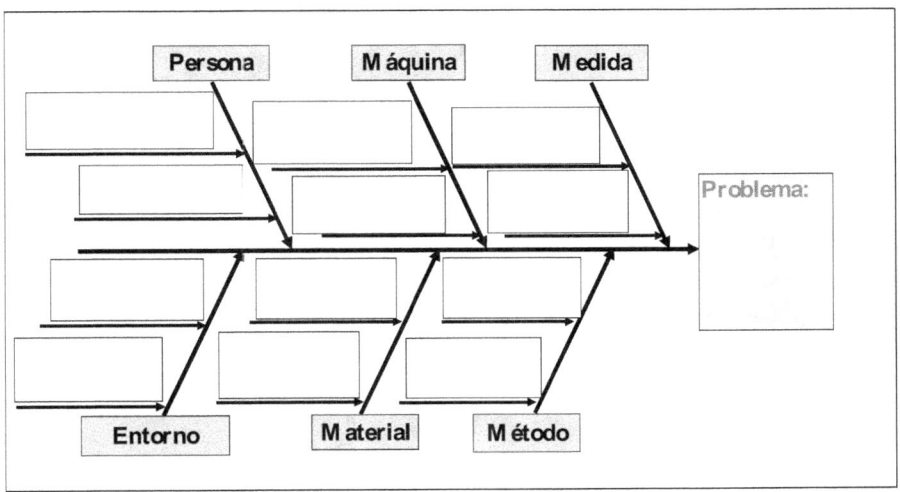

El diagrama causa-efecto se conoce por diversos nombres como Diagrama de Ishikawa, Diagrama de espina de pez, Diagrama causal, etc.

Por qué utilizar el Diagrama de Causa-Efecto

Esta herramienta es muy útil en equipos de trabajo donde la aportación de ideas cobra un papel fundamental.

Nos permite descubrir pequeños defectos o errores que en un primer momento podrían haber pasado desapercibidos. Además, es una de las herramientas básicas para mejorar los procesos de toma de decisiones y permite determinar dónde invertir el tiempo y los recursos de la organización.

Partes que componen el diagrama

Como ya hemos dicho, el diagrama queda dividido en dos partes: por un lado se representan las causas, unidas por flechas que confluyen en una «espina» central, que llega hasta la segunda parte del diagrama: el problema.

Las 6 espinas laterales parten de 6 causas distintas:

- Persona
- Máquina
- Medida
- Entorno
- Material
- Método

Ejemplo: aplicación del Diagrama de Causa-Efecto

A continuación, se muestra lo que podría ser un diagrama de Ishikawa ya realizado. El problema que se ha intentado resolver es que una máquina que produce piezas de plástico por inyección está fabricando piezas defectuosas.

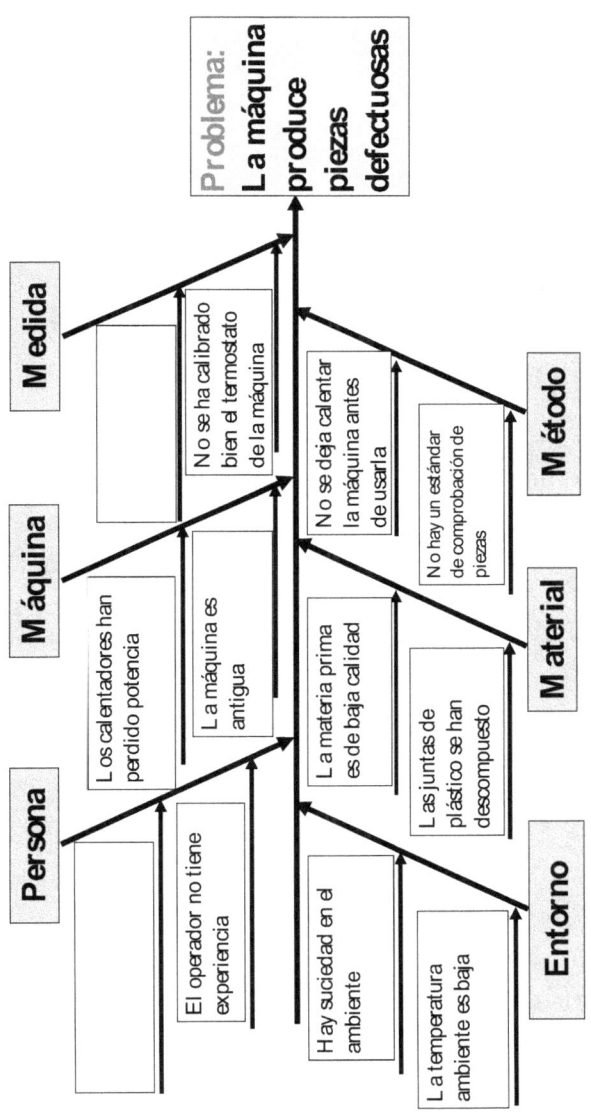

Los 5 Porqués

Qué son los 5 Porqués

Cuando se presenta un problema, en muchas ocasiones tomamos por válida la primera causa que se nos ocurre y buscamos una solución, pero no estamos solucionando el problema realmente. ¿Qué debemos hacer? Buscar el verdadero motivo que está provocando la anomalía: la causa raíz.

Es una técnica sistemática de resolución de problemas cuyo objetivo es llegar a la causa raíz del conflicto. Se emplea durante las fases de análisis de fallos, defectos, accidentes...

La herramienta de los 5 Porqués requiere que nos preguntemos «¿por qué?» cinco veces. Una vez que sea difícil responder a esta pregunta habremos llegado a la verdadera causa. En ocasiones no será posible llegar a 5 respuestas, y otras veces será necesario preguntar más de 5 veces.

Suele aplicarse después de haber realizado una tormenta de ideas y de haber completado el Diagrama Causa-Efecto. Una vez se hayan identificado las causas más probables, empezaremos la fase de los 5 Porqués.

Partiendo del ejemplo de aplicación del Diagrama de Ishikawa vamos a realizar la técnica de los 5 Porqués sobre 2 de las causas.

Ejemplo: aplicación de la técnica de los 5 Porqués

1	Hay suciedad en el ambiente
¿Por qué?	Mala ventilación en la zona de inyección
¿Por qué?	Ventilador de extracción de aire averiado
¿Por qué?	El fusible del ventilador está quemado
¿Por qué?	Mal dimensionamiento de la instalación eléctrica
¿Por qué?	La potencia instalada ha aumentado con el paso de los años, pero no se ha revisado la instalación eléctrica.
¿Por qué?	No hay un plan de revisiones periódicas de las instalaciones

1	El operador no tiene experiencia
¿Por qué?	El operador de la máquina no ha recibido formación
¿Por qué?	No hay un sistema de formación cuando llega un nuevo trabajador
¿Por qué?	Faltan recursos para la formación de los trabajadores

Diagramas bivariantes

Qué son los diagramas bivariantes

Estos diagramas permiten comprobar si existe relación entre una característica del producto y algún factor inherente al proceso.

El proceso para construir un diagrama bivariante es el siguiente:

1. Reunir pares de datos de las dos variables cuya relación se quiere investigar. Entre 30 y 50 pares de datos suele ser suficiente.
2. Trazar dos ejes y elegir las escalas. Si una variable es una característica de calidad y la otra es un factor del proceso de producción, se situará la característica de calidad en el eje vertical.
3. Situar los puntos en el gráfico.

Si utilizamos las Hojas de Cálculo este proceso es bastante sencillo. Basta con introducir los pares de datos en una tabla e insertar un gráfico de dispersión.

Ejemplo: Venta de cereales

Una empresa que se dedica a la producción de cereales basa sus previsiones de ventas en función de la demanda total de la industria en su país.

Esta empresa posee un histórico de datos que relaciona las toneladas totales demandadas en el país con las toneladas que la propia empresa vendió durante ese año.

A continuación, se muestran los resultados de los últimos 30 años:

Año	Demanda (Millones de Tn)	Ventas (Tn)	Año	Demanda (Millones de Tn)	Ventas (Tn)
1992	25	45	2007	30	49
1993	27	50	2008	22	40
1994	22	36	2009	25	46
1995	23	36	2010	29	52
1996	33	52	2011	31	48
1997	25	42	2012	31	46
1998	28	45	2013	33	52
1999	30	48	2014	32	54
2000	31	50	2015	30	50
2001	28	42	2016	31	48
2002	27	45	2017	29	45
2003	29	48	2018	34	53
2004	25	38	2019	33	55
2005	29	47	2020	36	60
2006	31	49	2021	34	52

Si representamos los valores en un diagrama bivariante y pedimos al programa que estemos utilizando que calcule la regresión, obtendremos el siguiente resultado:

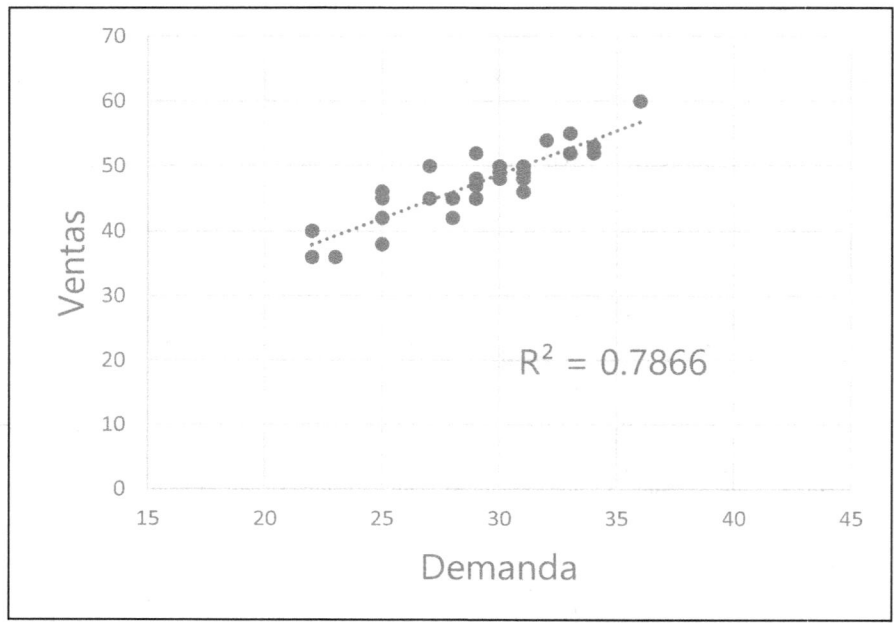

El valor de R^2 nos indica si existe relación entre ambas variables, siendo 1 el valor máximo y 0 el valor mínimo.

Aunque un valor de 0.7866 no es excesivamente alto, viendo la gráfica podríamos concluir que existe cierta relación entre el número de ventas de la empresa y la demanda de cereal.

PARTE III
INDICADORES

Indicadores

Qué son los indicadores clave de desempeño (KPIs)

Comúnmente conocidos como KPIs (Key Performance Indicators), los indicadores clave de desempeño son una serie de métricas que se utilizan para sintetizar la eficacia de las acciones que se llevan a cabo en una organización, así como la evolución de estas entidades en distintos ámbitos.

Estos indicadores pueden utilizarse para medir la evolución de:

- Una unidad de negocio
- Un proyecto
- Un departamento
- Una línea de producción
- Una máquina
- La satisfacción de los clientes
- Un empleado

Los KPIs ayudan a las empresas a conocer sus niveles de desarrollo, establecer objetivos realistas, monitorizar procesos, corregir desviaciones, etc. Además, son una herramienta útil para alinear los objetivos estratégicos de la organización con el trabajo diario de los distintos departamentos.

Es importante seleccionar adecuadamente los indicadores que vamos a controlar, haciéndonos preguntas como: ¿realmente este indicador va a ser útil a la hora de medir el desarrollo del proyecto o del proceso productivo? ¿Los datos que voy a manejar son fiables y representan la realidad de mis procesos? ¿Voy a poder dedicar los recursos necesarios para recoger y procesar los datos necesarios?

Los indicadores de control pueden utilizarse en distintos ámbitos dentro de una organización como, por ejemplo:

- Producción
- Calidad
- Lean
- Logística
- Mantenimiento
- Recursos humanos
- Financieros
- Seguridad

En los siguientes capítulos profundizaremos en algunos de estos campos y conoceremos una serie de indicadores que pueden ser de utilidad para controlar los procesos de una empresa.

Indicadores de Producción

Listado de indicadores de producción

- First Time Through (FTT)
- Coste de Producción Estándar
- Ratio de Reparación
- Build To Schedule (BTS)
- Índice de Productividad

• **First Time Through (FTT)**

De su traducción del inglés: que atraviesa a la primera. Es un indicador de la fiabilidad y la eficacia de nuestros procesos. Nos indica el número de unidades que han recorrido una cadena de fabricación sin defectos a la primera, sin necesidad de reprocesarse en la propia línea, ni fuera de ella, sin chatarras ni pruebas adicionales.

$$FTT = \frac{Unidades\ fabricadas\ bien\ a\ la\ primera}{Unidades\ totales\ fabricadas} * 100$$

Aunque podríamos enmarcarlo en los Indicadores de Calidad, he decidido incluirlo en los Indicadores de Producción porque el tipo de defectos que se tienen en cuenta son provocados y detectados en las propias líneas de fabricación.

Ejemplo: Cálculo de la FTT

Durante un turno de trabajo se han producido 200 aparatos, de los cuales:

- 15 han tenido que ser reprocesados en la propia cadena de fabricación porque tenían algún componente mal ensamblado.
- 6 han sufrido defectos durante la fabricación y se les ha sustituido algún componente.
- 12 han dado fallo en una prueba de calidad y se han tenido que desmontar y volver a montar fuera de la cadena.

Las unidades fabricadas bien a la primera serían las 200 unidades fabricadas menos las 33 unidades que acabamos de enumerar. El indicador FTT sería, por tanto:

$$FTT = \frac{200 - (15 + 6 + 12)}{200} * 100 = 83,5\%$$

- **Coste de Producción Estándar**

El coste de producción estándar es un dato que nos servirá para controlar los gastos asociados a la producción y para establecer el precio con el que vamos a vender nuestro producto durante el año siguiente.

Este valor se puede calcular mensualmente, trimestralmente, anualmente... aunque por lo general es un ejercicio que se realiza una vez a final de año para conocer los gastos en los que se ha incurrido y presupuestar los gastos esperados para el año siguiente. La fórmula utilizada para el cálculo es la siguiente:

$$CPE = \frac{Costes\ totales\ previstos\ de\ la\ fábrica}{Producción\ (anual)}$$

Ejemplo: Cálculo del Coste de producción estándar

Nuestra empresa prevé vender el año que viene 600.000 unidades de un producto y la estimación de los gastos para el año que viene, basándonos en los gastos de este año, es la siguiente:

- Personal: 823.000 €
- Energía: 651.000 €
- Materia Prima: 365.000 €
- Reprocesos: 70.000 €
- Otros (gestión, consumibles, etc.): 121.000€

Estos gastos hacen un total de 1.960.000 €. Por tanto, el coste de fabricación de cada unidad que prevemos vender es:

$$CPE = \frac{2.030.000\ €}{600.000\ Uds.} = 3,38\ \frac{€}{Ud.}$$

- **Ratio de Reparación**

El Ratio de Reparación (Rework Rate) hace referencia a la cantidad de tiempo empleado en operaciones de reparación o recuperación de productos que no se han fabricado correctamente a la primera.

Podemos calcularlo bien en función del tiempo empleado en reparación, o bien en función de las unidades que han tenido que ser recuperadas.

$$RR = \frac{Tiempo\ de\ reparación}{Tiempo\ productivo\ total} * 100$$

$$RR = \frac{Unidades\ reparadas}{Unidades\ fabricadas} * 100$$

Ejemplo: Cálculo del Ratio de Reparación

Durante una jornada de trabajo (8 horas), en una cadena de fabricación en la que trabajan 10 personas se han fabricado 352 electrodomésticos, de los cuales han sido retirados 8 por defectos en la carcasa.

Estos aparatos necesitan ser recuperados mediante la sustitución de la carcasa, y para ello es necesario emplear a una persona durante 3 horas. Calculamos el ratio de reparación de dos formas distintas utilizando las dos fórmulas anteriores.

$$RR = \frac{Tiempo\ de\ reparación}{Tiempo\ productivo\ total} * 100 =$$

$$= \frac{1\ persona * 3\ horas}{(10\ personas * 8\ horas) + (1\ persona * 3\ horas)} * 100$$

$$RR = 3{,}61\ \%$$

$$RR = \frac{Unidades\ reparadas}{Unidades\ fabricadas} * 100 = \frac{8}{352} = 2{,}27\ \%$$

Como podemos ver, los resultados de las dos fórmulas anteriores no coinciden, y debemos escoger la fórmula que más valor nos aporte.

En mi opinión, el resultado más objetivo es el segundo (Uds. Reparadas / Uds. Fabricadas), ya que si utilizamos la primera fórmula el resultado quedará influido por la pericia y el tiempo que tarde la persona en recuperar los aparatos.

- **Built To Schedule (BTS)**

Traducido de su denominación en inglés, "Fabricado conforme al plan". Mediante este indicador podemos medir el porcentaje de unidades que se han producido en un periodo de tiempo respecto al total de unidades que estaban previstas en el plan de producción.

$$BTS = \frac{Unidades\ producidas}{Unidades\ previstas} * 100$$

Ejemplo: Cálculo del BTS

Durante una jornada de trabajo de 8 horas estaba previsto producir 457 piezas, pero por circunstancias de la fabricación solo se han completado 432 unidades. El indicador BTS se calcularía de la siguiente forma:

$$BTS = \frac{Unidades\ producidas}{Unidades\ previstas} * 100 = \frac{432}{457} * 100 = 94{,}5\%$$

- **Índice de Productividad**

La productividad es un indicador versátil que podemos calcular de varias formas, pudiendo escoger la que más se adapte a nuestras necesidades. En general, mide las unidades físicas o monetarias producidas en un periodo de tiempo.

Algunos ejemplos pueden ser:

$$IP = \frac{Unidades\ fabricadas}{N^{\underline{o}}\ de\ turnos\ productivos}$$

$$IP = \frac{Unidades\ fabricadas}{N^{\underline{o}}\ de\ horas\ trabajadas}$$

$$IP = \frac{Uds\ fabricadas * (Precio\ Venta - Coste)}{N^{\underline{o}}\ de\ horas\ trabajadas}$$

Ejemplo: Cálculo del Índice de Productividad

Vamos a calcular el IP de 3 formas distintas, suponiendo un periodo de tiempo de 6 turnos de 8 horas en los que se han fabricado 3542 unidades. El coste de fabricación de cada unidad es de 28€ y el precio de venta es de 35€.

$$IP = \frac{Unidades\ fabricadas}{N^{\underline{o}}\ de\ turnos\ productivos} = \frac{3542\ Uds.}{6\ turnos} = 590{,}3\ \frac{Uds}{turno}$$

$$IP = \frac{Unidades\ fabricadas}{N^{\underline{o}}\ de\ horas\ trabajadas} = \frac{3542\ Uds.}{48\ horas} = 73{,}8\ \frac{Uds}{hora}$$

$$IP = \frac{Uds\ fabricadas * (Precio\ Venta - Coste)}{N^{\underline{o}}\ de\ horas\ trabajadas} =$$

$$= \frac{3542\ Uds * (35\ \frac{€}{Ud} - 28\ \frac{€}{Ud})}{48\ horas} = 516{,}5\ \frac{€}{hora}$$

Indicadores de Calidad

Listado de indicadores de calidad

- Seguimiento de piezas defectuosas / chatarra
- Número de reclamaciones / devoluciones
- Coste de No Calidad
- Índice de satisfacción del cliente (CSAT)
- Seguimiento de rechazo de materia prima

- **Seguimiento de piezas defectuosas / chatarra**

Uno de los principios fundamentales del Lean Manufacturing es la reducción de chatarra. Para ello, en primer lugar, necesitamos conocer ciertos indicadores que nos permitan tener una visión clara de la situación en que nos encontramos respecto a la chatarra y a los defectos que generamos (y detectamos antes de enviar a nuestros clientes).

$$\% \, piezas \, defectuosas = \frac{Piezas \, de \, chatarra}{Piezas \, totales \, producidas} * 100$$

$$\% \, de \, chatarra = \frac{Toneladas \, de \, chatarra}{Toneladas \, totales \, producidas} * 100$$

$$\% \, de \, chatarra = \frac{Metros \, lineales \, de \, chatarra}{Metros \, lineales \, producidos} * 100$$

Ejemplo: Cálculo del % piezas defectuosas

Este mes nuestra fábrica ha producido 600.000 discos de freno. Durante la producción, se han detectado defectos en 9.500 unidades, de las cuales se han podido recuperar 1.300 mediante un saneado de la superficie. Los otros 8.200 discos de freno han tenido que descartarse.

El porcentaje de piezas descartadas será:

$$\% \ piezas \ defectuosas = \frac{Piezas \ de \ chatarra}{Piezas \ totales \ producidas}$$

$$\% \ piezas \ defectuosas = \frac{8.200}{600.000} * 100 = 1,37 \ \%$$

- **Número de reclamaciones / devoluciones**

Aunque sometamos todos nuestros productos a un control de calidad exhaustivo, cabe la posibilidad de que alguno de ellos acabe llegando a nuestro cliente con algún defecto que no hayamos detectado.

El número de reclamaciones y devoluciones de nuestros clientes puede ser un indicador muy útil para valorar cómo de buenos o malos son nuestros controles de calidad.

Para el seguimiento de este indicador podemos calcular el número de devoluciones por unidad fabricada (por ejemplo, 0,03 devoluciones por cada unidad fabricada), o el número de devoluciones en términos absolutos (3 devoluciones al mes).

Ejemplo: Cálculo del número de reclamaciones / devoluciones

Siguiendo con el ejemplo anterior, de los 600.000 discos de freno que se produjeron finalmente se enviaron a cliente 591.800 unidades, ya que hubo que descartar 8.200 discos por defectos detectados en nuestra planta.

Por desgracia, uno de nuestros clientes ha encontrado defectos en 25 discos de freno, y nos los ha enviado de vuelta para que se los descontemos del precio del pedido y les abonemos una compensación por los gastos en los que han incurrido debido a nuestro error. Si calculamos el ratio de devolución:

$$\% \; piezas \; devueltas = \frac{250}{591.800} * 100 = 0{,}042 \, \%$$

En caso de que los porcentajes con los que trabajamos sean muy pequeños podemos cambiar de unidades y trabajar en "partes por millón", o en este caso, "devoluciones por millón" de discos enviados.

$$piezas \; devueltas = \frac{250}{591.800} * 10.000 = 420 \, ppm$$

- **Coste de No Calidad**

Los costes de No Calidad son aquellos asociados al no cumplimiento de las especificaciones marcadas por el cliente o por nuestra propia organización. Podemos dividir estos costes en Internos o Externos, en función de si hemos detectado el fallo en nuestra propia fábrica o si, por el contrario, ha sido nuestro cliente quien los ha detectado.

- Costes de No Calidad Internos:

Son aquellos que se producen antes de que el producto llegue al cliente. Aquí podríamos incluir los costes asociados a los deshechos y la chatarra, los costes asociados a los reprocesos (mano de obra y materiales de sustitución), los retrasos en la producción, los costes asociados a la energía empleada para procesar los productos descartados, costes de organización y planificación, etc.

- Costes de No Calidad Externos:

Estos costes son los asociados a los productos defectuosos que finalmente recibe el cliente. Entre ellos podemos incluir el coste asociado a la gestión de las reclamaciones, los costes de devolución, los abonos a cliente, etc.

Por último, y aunque por lo general no supone un coste directo para nuestra organización, deberíamos ser conscientes del impacto que ha podido tener nuestro producto defectuoso en las instalaciones y los costes de nuestro cliente: paradas de línea, averías, reprocesos, gestión... así como el impacto en nuestra reputación como proveedores y la posibilidad de perder clientes.

Ejemplo: Cálculo del Coste de No Calidad

Volvemos al caso de los discos de freno. Como habíamos dicho, de los 600.000 discos que habíamos fabricado este mes, tenemos que:

- 591.800 unidades enviadas a cliente (250 de ellas defectuosas)
- 1.300 unidades reprocesadas en nuestras instalaciones

- 8.200 unidades achatarradas en nuestras instalaciones

Si nuestro coste de fabricación de cada disco de freno es de 22€, hemos tenido que abonar 4.500 € al cliente en concepto de compensación. Si el coste extra que supone reprocesar cada unidad es de 4€, ¿cuál será el coste de no calidad de este pedido?

- Coste de las piezas achatarradas:

$$€\ chatarra = (250\ uds + 8.200\ uds) * \frac{22\ €}{ud} = 185.900\ €$$

- Coste de las piezas reprocesadas:

$$€\ reproceso = 1.300\ uds * \frac{4\ €}{ud} = 5.200\ €$$

- Coste del abono:

$$€\ abono = 4.500\ €$$

El coste de no calidad de este pedido será:

$$€\ No\ Calidad = 185.900\ € + 5.200\ € + 4.500\ € = 195.600\ €$$

Si dividimos este coste entre las 591.550 piezas que sí cumplían los estándares, tenemos que el coste de no calidad por cada unidad OK es de:

$$€\ No\ Calidad = \frac{195.600\ €}{591.550\ uds} = 0,33\ €$$

Conclusión: cada una de las piezas que nos ha costado producir 22 € lleva un sobrecoste asociado a la no calidad de 0,33 €.

- **Índice de Satisfacción del Cliente (CSAT)**

El indicador CSAT (Customer Satisfaction Score) es una métrica utilizada para conocer el grado de satisfacción de un cliente con nuestros productos.

Este indicador se mide mediante una encuesta de satisfacción que se entrega al cliente una vez ha finalizado su pedido. En el caso de clientes recurrentes también es recomendable realizar una encuesta periódicamente, por ejemplo, una vez al año.

Un ejemplo de encuesta de satisfacción podría ser:

Del 1 al 5, siendo 1 "nada satisfecho" y 5 "completamente satisfecho":

- *¿Cuál es su grado de satisfacción con el producto recibido?*
- *¿Cuál es su grado de satisfacción respecto al servicio que le hemos ofrecido?*
- *¿Cómo de satisfecho está con nuestra marca?*
- *¿Cómo de satisfecho está con los plazos de entrega?*

- **Seguimiento de rechazo de materia prima**

Además de proveedora de productos, seguramente nuestra empresa también sea cliente de otras organizaciones, y será necesario controlar la calidad de los productos que recibimos.

Al igual que podemos realizar un seguimiento de la calidad de los productos que fabricamos, también podemos hacer un seguimiento de la calidad de los productos que recibimos de otras empresas.

Para ello, podemos controlar indicadores como:

- Porcentaje de componentes recibidos que no se ajustan a nuestros estándares.
- Número de devoluciones realizadas al mes.
- Número de reclamaciones realizadas al mes.

Indicadores Lean

Listado de indicadores lean

- Overall Equipment Effectiveness (OEE)
- Total Effective Equipment Performance (TEEP)
- Takt time
- Tiempo de Valor Añadido

- **Overall Equipment Effectiveness (OEE)**

Este indicador es uno de los más empleados y que más información aporta actualmente en los procesos productivos. Traducido del inglés: Eficiencia global de los equipos.

La OEE se obtiene a través del producto de tres parámetros:

- Disponibilidad
- Rendimiento
- Calidad

$$OEE = D * R * C$$

La Disponibilidad hace referencia al porcentaje de tiempo que la máquina está, como su propio nombre indica, disponible. Dicho de otro modo, es el tiempo que la máquina tiene previsto producir, menos el tiempo que la máquina ha estado parada por mantenimiento, por reposición de consumibles, etc.

$$Disponibilidad = \frac{Tiempo\ real\ de\ operación}{Tiempo\ previsto\ de\ operación}$$

El Rendimiento tiene que ver con la velocidad a la que trabaja la máquina o sus operarios.

$$Rendimiento = \frac{Tiempo\ de\ ciclo * Piezas\ fabricadas}{Tiempo\ de\ operación}$$

La Calidad refleja el número de unidades que se han producido sin defectos, respecto al total de unidades que se han fabricado.

$$Calidad = \frac{Unidades\ fabricadas\ \sin\ defectos}{Unidades\ totales\ fabricadas}$$

La OEE es un parámetro que puede calcularse cada hora, cada día... aunque es recomendable emplear periodos de tiempo más amplios para que la variabilidad no afecte tanto a los resultados, como por ejemplo semanas, meses o años.

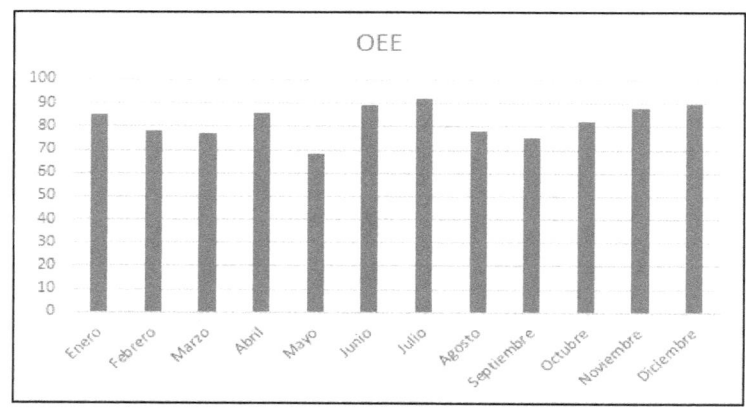

Ejemplo: Cálculo de la OEE

Supongamos que una máquina tiene previsto trabajar durante 7 horas (420 minutos). Durante el transcurso de la jornada ha sufrido dos paradas: una por falta de suministro a la máquina (10 minutos) y otra por una avería en uno de los motores (25 minutos). Durante los 385 minutos restantes ha fabricado 350 piezas cuyo tiempo de ciclo ideal de fabricación es 56 segundos. De esas 350 piezas fabricadas se han encontrado defectos en 15 de ellas.

Vamos a calcular cada uno de los parámetros por separado:

$$Disponibilidad = \frac{385 \ minutos}{420 \ minutos} * 100 = 91{,}67\%$$

$$Rendimiento = \frac{350 \ piezas * \dfrac{56 \ \frac{segundos}{pieza}}{60 \ \frac{segundos}{minuto}}}{385 \ minutos} * 100$$

$$Rendimiento = 84{,}85\%$$

$$Calidad = \frac{335 \ piezas}{350 \ piezas} * 100 = 95{,}71\%$$

La OEE será el resultado de multiplicar estos 3 parámetros:

$$OEE = (0{,}9167 * 0{,}8485 * 0{,}9571) * 100 = 74{,}45\%$$

- **Total Effective Equipment Performance (TEEP)**

El indicador TEEP, cuya traducción del inglés es «Rendimiento Efectivo Total de los Equipos», es un parámetro muy parecido al indicador anterior, la OEE.

La diferencia entre ambos recae en el cálculo de la Disponibilidad: mientras que la OEE tiene en cuenta únicamente el tiempo que la máquina tiene previsto producir, la TEEP tiene en cuenta el tiempo total disponible (24 horas al día, 365 días al año).

$$TEEP = D' * R * C$$

$$Disponibilidad' = \frac{Tiempo\ real\ de\ operación}{Tiempo\ total\ disponible}$$

$$Rendimiento = \frac{Tiempo\ de\ ciclo * Piezas\ fabricadas}{Tiempo\ de\ operación}$$

$$Calidad = \frac{Unidades\ fabricadas\ \sin\ defectos}{Unidades\ totales\ fabricadas}$$

Ejemplo: Cálculo de la TEEP

Vamos a calcular la TEEP utilizando los datos del ejemplo anterior. La máquina tenía previsto trabajar 7 horas en todo el día, pero un día tiene en total 24 horas disponibles para trabajar, y este es el dato que utilizaremos para el cálculo.

La Disponibilidad se calcularía de la siguiente forma:

$$Disponibilidad' = \frac{385 \ minutos}{1440 \ minutos} * 100 = 26{,}74\%$$

El resto de parámetros de calcularían de la misma forma que en el ejemplo anterior:

$$Rendimiento = \frac{350 \ piezas * \dfrac{56 \frac{segundos}{pieza}}{60 \frac{segundos}{minuto}}}{385 \ minutos} * 100$$

$$Rendimiento = 84{,}85\%$$

$$Calidad = \frac{335 \ piezas}{350 \ piezas} * 100 = 95{,}71\%$$

La TEEP será el resultado de multiplicar estos 3 parámetros:

$$TEEP = (0{,}2674 * 0{,}8485 * 0{,}9571) * 100 = 21{,}72\%$$

Como podemos observar, el resultado respecto al ejemplo anterior varía enormemente, pero la máquina ha dado los mismos resultados en ambos casos: simplemente debemos escoger el indicador que más información nos aporte en cada situación.

- **Takt time**

(Visto en la Parte II – Herramientas, Mapeo de la Cadena de Valor).

El Takt time, también conocido como «ritmo del cliente», es el ritmo al cual debemos producir para satisfacer la demanda de nuestros compradores.

La fórmula para calcularlo es la siguiente:

$$Takt\ time = \frac{Tiempo\ disponible\ para\ producir}{Demanda\ del\ cliente}$$

<u>Ejemplo: Cálculo del Takt time</u>

Imaginemos que nuestra fábrica produce ordenadores portátiles. Nuestros compradores son grandes almacenes distribuidos por Europa, y cada mes nos demandan las siguientes unidades:

- Cliente A: 15.000 unidades
- Cliente B: 5.000 unidades
- Cliente C: 2.500 unidades

De media, nuestra fábrica trabaja cada mes 22 días, a un régimen de 2 turnos cada día. Además, sabemos que cada relevo productivo nuestras líneas de producción están paradas una media de 30 minutos por averías.

El tiempo disponible para producir cada mes será:

$$Tiempo = 22\ días * (\frac{2*8\ horas}{día} * \frac{60\ min}{hora} - \frac{2*30\ min}{día})$$

$$Tiempo = 19.800\ minutos$$

La demanda mensual de ordenadores portátiles será la suma de las unidades que pide cada cliente:

$$Demanda = 15.000 + 5.000 + 2.500 = 19.500\ unidades$$

Por tanto, el Takt time será:

$$Takt\ time = \frac{19.800\ minutos}{22.500\ unidades} = 0{,}88\frac{minutos}{unidad}$$

O dicho de otro modo (invirtiendo el resultado), debemos producir 1,14 ordenadores cada minuto.

- **Tiempo de Valor Añadido**

(Visto en la Parte II – Herramientas, Mapeo de la Cadena de Valor).

Podemos definir el Tiempo de Valor Añadido como la cantidad de tiempo que nuestro producto está sufriendo alguna transformación, es decir, el tiempo durante el cual se realizan las modificaciones por las que nuestro cliente está dispuesto a pagar.

Para calcularlo, simplemente sumaremos aquellos procesos durante los cuales nuestro producto está siendo transformado (montaje, calentamiento, inyección, mecanizado, secado, pintado, etc.). Para ello, nos tendremos que hacer uso de un cronómetro de mano o bien, utilizar los datos que nos aporte nuestro MES (Manufacturing Execution System).

Ejemplo: Cálculo del Tiempo de Valor Añadido

Vamos a calcular el tiempo de valor añadido de un proceso de mecanizado de cigüeñales para coches. Los tiempos que hemos obtenido son los siguientes:

- Descarga de barras de acero (materia prima): 10 min.
- Almacenamiento de las barras: 6 días
- Corte de las barras: 1 min./corte
- Transporte y colocación en el torno: 5 min.
- Mecanizado del cigüeñal: 20 min.
- Almacenamiento del cigüeñal: 2 días
- Inspecciones de calidad: 20 min.
- Empaquetado y expedición a cliente: 15 min./ud.

De las 8 acciones que hemos listado, solo en 2 de ellas se está produciendo alguna transformación: en el corte de las barras y en el mecanizado del cigüeñal. ¿El resto de las acciones son inútiles? No, son necesarias para el correcto transcurso del proceso, pero nuestro cliente no va a pagarnos más por ellas.

Si almacenamos la materia prima durante 50 días en lugar de 6, el producto final seguirá siendo el mismo al final del proceso y nuestro cliente nos querrá pagar lo mismo. En cambio, sí que pagará más por un cigüeñal mecanizado que por una barra de acero en bruto, ¿no?

- Si sumamos el tiempo que cada unidad está siendo procesada, tenemos que el tiempo de valor añadido es de 21 minutos (corte más mecanizado).
- Si sumamos el tiempo que las piezas no están sufriendo transformación, el resultado es 28.850 minutos.

Indicadores de Mantenimiento

Listado de indicadores de Mantenimiento

- Mean Time To Repair (MTTR)
- Mean Time Between Failures (MTBF)
- Tiempo medio de respuesta

- **Mean time to repair (MTTR)**

Tiempo medio de reparación. Indica el tiempo medio desde que se produce una avería hasta que la máquina vuelve a operar correctamente.

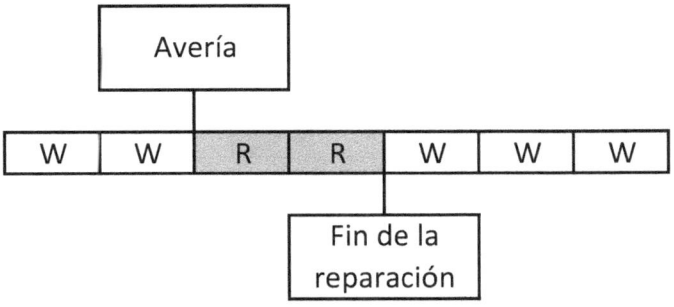

W: Máquina en funcionamiento
R: Máquina en reparación

- **Mean time between failures (MTBF)**

Tiempo medio entre fallos. Indica el tiempo medio que una máquina opera correctamente entre dos fallos consecutivos.

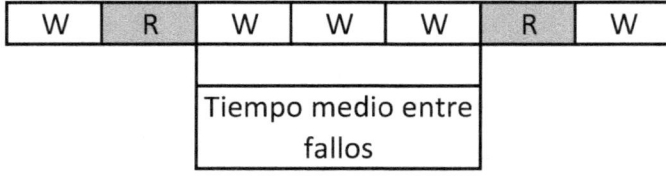

W: Máquina en funcionamiento
R: Máquina en reparación

- **Tiempo medio de respuesta**

Un parámetro que considero muy interesante a la hora de valorar la eficacia de un equipo de Mantenimiento es el tiempo medio de respuesta, es decir, el tiempo que transcurre desde que se produce una avería hasta que se inicia la reparación.

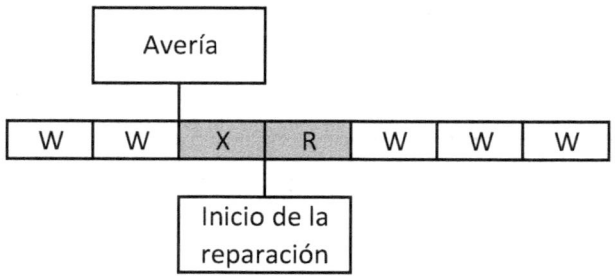

W: Máquina en funcionamiento
X: Máquina averiada
R: Máquina en reparación

Indicadores de Seguridad

Listado de indicadores de seguridad

- Índice de Frecuencia
- Índice de Incidencia
- Índice de Gravedad

- **Índice de Frecuencia**

El índice de Frecuencia cuantifica el número de accidentes con baja que han tenido lugar en una empresa (excluyendo accidentes in itínere) por hora trabajada. Para el cálculo deben tenerse en cuenta las horas reales de trabajo, descontando vacaciones, permisos, bajas por enfermedad, etc.

Dado que el personal de administración, comercial y oficinas en general no está expuesto a los mismos riesgos que el personal de producción, es interesante calcular este indicador para cada unidad de trabajo.

La fórmula para calcular el índice de frecuencia es la siguiente:

$$I.F. = \frac{n^\underline{o} \; accidentes \; con \; baja}{n^\underline{o} \; horas \; trabajadas} * 10^6$$

Ejemplo: Cálculo del Índice de Frecuencia

Supongamos que en una empresa de 150 trabajadores se trabajan al año 215 jornadas de 8 horas, y que durante este periodo de tiempo se han producido 4 accidentes con baja.

El Índice de Frecuencia será, por tanto:

$$I.F. = \frac{4}{215 * 8 * 150} * 10^6 = 15,5$$

- **Índice de Incidencia**

El índice de Incidencia representa el número de accidentes con baja producidos durante la jornada de trabajo por cada 100.000 trabajadores.

La fórmula para calcularlo es la siguiente:

$$I.I. = \frac{n^{\underline{o}} \ accidentes \ con \ baja}{n^{\underline{o}} \ trabajadores} * 10^5$$

Ejemplo: Cálculo del Índice de Incidencia

Siguiendo el ejemplo anterior, en el caso de una empresa en la que trabajen 150 trabajadores y haya habido 4 accidentes con baja durante el último año, el Índice de Incidencia será:

$$I.I. = \frac{4}{150} * 10^5 = 2666,7$$

- **Índice de Gravedad**

Este indicador representa el número de jornadas de trabajo perdidas (o no trabajadas) por cada mil horas de trabajo. Las jornadas de trabajo perdidas son las correspondientes a incapacidades temporales, más las incapacidades permanentes que se fijan en el "Baremo para la valoración del Índice de Gravedad".

$$I.F. = \frac{n^{\underline{o}}\ jornadas\ perdidas}{n^{\underline{o}}\ horas\ trabajadas} * 10^3$$

Ejemplo: Cálculo del Índice de Gravedad

Supongamos que, en la empresa anterior de 150 trabajadores en la que se han trabajado 215 jornadas de 8 horas este año, ha habido 4 accidentes que han supuesto la pérdida de 96 jornadas de trabajo.

El Índice de Gravedad será, por tanto:

$$I.G. = \frac{96}{215 * 8 * 150} * 10^3 = 0,37$$

Sobre el autor

Álvaro del Cerro Lavín

Graduado en Ingeniería en Tecnologías Industriales y Máster Universitario en Ingeniería Industrial, que le otorgan el título de Ingeniero Superior Industrial por la Universidad de Cantabria. También se ha especializado en gestión y organización industrial, obteniendo así el título de Experto Universitario en Lean Management y la certificación Lean Management Green Belt por el Centro Español de Logística y la Universidad Internacional de La Rioja.

Todos los derechos reservados. Queda prohibida, sin la autorización escrita del propietario del copyright, la reproducción total o parcial de esta obra por cualquier medio o procedimiento.

Primera edición: enero 2022

ISBN: 9798403753227

Sello: Independently published

Copyright © 2022 Álvaro del Cerro Lavín

All rights reserved

www.ingramcontent.com/pod-product-compliance
Lightning Source LLC
Chambersburg PA
CBHW052314220526
45472CB00001B/118